U0070345

經營顧問叢書 ⑭²

企 業 接 班 人

亞力斯・查理　李平貴　任賢旺　編著

憲業企管顧問有限公司　　發行

《企業接班人》

目　錄

第二章　接班人計畫 / 41

第三章　如何提名接班人 / 101

第四章　接班人的特質 / 119

第七章　空降兵／264

第一章

企業接班的危機

1

遭遇「斷代」的企業

◎企業的生命週期

同產品的生命週期一樣，企業也有自己的生命週期。

1965 年美國學者 J. W. 戈登尼爾以「如何防止組織的停滯與衰老」爲題，系統討論了組織的生命力與生命週期問題。他指出，與人類或植物不同的是「一個組織的生命週期不可粗略地預測」。更重要的區別是，一個組織在經歷了停滯之後仍有可能恢復生機。因此，「一個組織可以持續不斷地實現自我更新，這對企業的未來無疑有著深遠的意義」。

對於企業來說，他的成長週期是和企業領導人的成長週期有著一定的聯繫。在企業的創業之初，經營者考慮的還只是短期目標，是不具備大氣的企業家風範的。在他們看來，企業靠自己的打拼就足夠了，加之自身的年輕，根本不會去考慮什麼團隊、接班人的問題。這是民營企業創業初期都存在的問題。

但是，當企業做到一定規模，隨著產品的生命週期不斷增長，戰略目標有所提高的時候，企業家就會發現週圍的環境完全變了，同時又面臨著大量的挑戰，僅憑創業初期自身的能力

已經有些無法適應了。此時的企業成長週期已上升到另一個階段，所以必須有新的東西注入(尤其是新一代的接班人)，才能使其變得更有活力。而這時候的企業家，由於以前沒有一個詳細的接班人計畫，所以，面對企業「斷代」危機，已經完全處於一種被動的狀態。

企業的「斷代」危機在最近幾年裏逐漸被人們重視起來，而解決這一問題的方法無疑就是兩個方面：其一，子承父業；其二，任用職業經理人。

◎子承父業

企業選擇接班人時，子承父業，或者擴大到有血緣關係的家族成員接班，是不少企業所採用的模式。讓我們來看一下這些企業：

IBM 公司：IBM 全稱國際商用機器公司，1952 年以前一直由湯瑪斯·沃森掌管。1952 年，小沃森被任命為 IBM 公司總裁，他的父親湯瑪斯·沃森為董事長；

杜邦公司：杜邦公司成立於 1802 年，是著名的百年老店。從 1834 年伊雷內·杜邦去世後，杜邦公司連續四代繼承人都是本家族的人。而且公司曾有一條不成文的法律，即非杜邦家族的人不能擔任最高管理職務，甚至實行同族通婚，以防家族財產外流。

沃爾瑪公司：山姆·沃爾頓是沃爾瑪的創始人，1992 年，當他去世後，便把董事長一職傳給了自己的長子羅伯遜。而沃

爾頓的家人由於家族基金的設立，使他們在董事會說的話有足夠的分量。

萬向集團：作為創始人的魯冠球已把萬向集團總裁之位傳給其子魯偉鼎。1971 年出生的魯偉鼎是魯冠球獨子，魯偉鼎早早就進入了萬向集團，在集團各種崗位輪轉，1992 年底開始任集團副總裁，1994 年出任集團總裁，5 年後又到美國讀書，現任集團 CEO。

格蘭仕集團：梁昭賢出生於 1965 年，在 2000 年正式接替父親梁慶德，成為格蘭仕集團董事長；

紅豆集團：周海江出生於 1966 年，於 2000 年正式接替父親周耀庭，擔任紅豆實業股份有限公司董事長。

……

現在似乎對子承父業的模式有更多的批評，往往把這種模式與落後的管理制度劃等號。但是，看看上述企業的發展勢頭就知道，事實並非如此。

子承父業模式，在繼任者的忠誠度方面，一般都要優於其他模式。家族成員對企業的忠誠度比較高，從而會降低了信用成本。某企業總裁比較獨到的解釋，他說：企業一要穩定，二要發展，用家族成員解決穩定，用非家族成員解決發展。

當然，子承父業也有一定的弊端。因爲，家族成員畢竟圈子小，選人的範圍比較窄。當然，有些家族中有優秀的成員，完全可以勝任領導企業的職責，但是畢竟是少數。要由外來人解決發展問題，其實也就是看到了家族成員能力可能會出現的弱項。

◎任用職業經理人

任用職業經理人是解決企業「斷代」危機，及早選定接班人的另一種方式。任用職業經理人有兩種形式：

⑴ **「空降兵」形式**

「空降兵」形式選人的範圍大，比較容易滿足繼任者的能力要求。是爲進入 PC 產業的需要，更多是企業上市後規範化、國際化、集團化的需要。正是此模式這方面的優勢，迎合了不少企業迅速做大做強的慾望。所以，「空降兵」形式成爲近年來比較走紅的模式，業界時髦的說法是「聘請職業經理人」。「空降兵」形式還有一大優勢是與企業內部人脈關係簡單，習慣勢力的桎梏比較少。如果有企業創始人或企業高層領導的大力支持，確實利於其施展拳腳。

有一利必有一弊，「空降兵」形式的劣勢主要表現在繼任者的忠誠度和能力上。再有能力的「空降兵」也要與企業所需相適合。有些「空降兵」雖然有規範的國際大公司的管理運作經驗，但真要把公司帶到這個層次上去，就往往「心有餘而力不足」。這兩年，成批的「空降兵」鎩羽而歸。

⑵ **內部提升形式**

內部提升是比較普遍的交接班形式。就忠誠度識別而言，這種形式要優於「空降兵」形式。在企業內有一定時間的工作經歷後，繼任者德行有比較多的流露，會給考察者更多觀察的機會。

對於企業的戰略目標、核心能力、管理方式以及文化形態，內部繼任者有較深刻的認識和把握，不至於交接後，發生過於強烈的交接震盪。一個組織都有自己只可意會不可言傳的潛在規則，作爲外人還需要深入瞭解磨合，而內部繼任者這方面的優勢是明顯的。

所以說，內部提升的模式較爲普遍。柯林斯在《基業長青》中對這種模式也有較多的褒揚。

其實，企業解決「斷代」危機，培養自己的接班人，說到底還是企業的人才儲備問題。企業雖然已經開始有所意識，但要想有實際改觀，還需要徹底的變革。

企業首先是企業制度的改革。關鍵是要有實質的改變，而不能是換湯不換藥，要納入股東監督制度。對於職業經理人的引進，是國企和民企都要做的，沒有人才的引進，就談不上接班人的培養。而文化上的真正革命，是企業家需要嚴肅考慮的事情，這將是管理層的一次革新，不引入先進的人文理念，企業很難有所發展。

2

王安公司的衰敗

王安電腦公司，在電腦市場上可謂赫赫有名。在鼎盛時期，王安電腦公司的年收入甚至達 30 億美元，在美國《幸福》雜誌所排列的全球 500 家大企業中曾名列第 146 位。公司還在世界各地僱用了 3.2 萬名員工爲之工作，企業發展非常迅速，而王安本人，則以 20 億美元的個人財富躋身於美國十大富豪之列。

然而，王安電腦公司在選擇接班人時，卻出現了很多問題。企業的最高領導者王安曾寄希望於長子王菲德，希望王菲德能夠子承父業，帶領王安電腦公司繼續發展。但是，王菲德並不是一個經營企業的「高手」，他的經營能力非常有限，而且又剛愎自用，經營之初就把企業搞得一場糊塗。

在此情況下，王安所要做的應該是撤去其予的職務，繼續爲企業選擇合適的接班人。但王安卻沒有這樣做，他不顧企業其他員工的勸告，仍讓王菲德出任公司總裁。對此決定，公司的決策層一時譁然，曾跟隨王安二十多年的業務骨幹都紛紛提出辭職，很多董事規勸無效後。也掛職離去。

1989 年 8 月，股東聯名控告王安父子營私舞弊，在萬般無奈的情況下，王安才撤掉了王菲德的總裁職務。但此時公司已

元氣大傷，逐步走向了衰敗。

3

業已創，誰來守業

人們常說：「創業容易，守業難」。在目前競爭激烈的市場中，更是如此。一方面，創業時期，企業家都是無拘無束、勇往直前的人，他們隨心所欲、獨斷專行，他們天馬行空、不斷創新。這是他們的創業激情決定的，同時也是他們在創業期間排除萬難的最大的優勢。但這種優勢也往往會使管理層忽視了在企業管理方面趨於正軌，逐漸成爲企業進一步前進的絆腳石。而另一方面，一個企業在經歷了第一代輝煌的發展後，往往到第二代時，就出現諸多問題，致使企業開始走下坡路。這種現象尤其在民營企業，或家族企業中最爲常見。

的確，公司在準備把權力移交給下一代的時候，也是這些公司最脆弱和不穩定的時刻。權力轉移過程決策管理不當是造成企業失控的主要原因。美國西北大學凱洛格商學院教授約翰・沃德就曾經指出，80%的家族企業大多未能順利地傳給第二代，而能傳到第三代的只有 13%。相當多的公司都會在接棒新領導人手裏破產，還有一些被迫賣給了競爭對手。這也就導致了眾多企業不能持續發展，在經歷幾年或者十幾年的風光之後，也逃脫不了破產或者被收購的命運。況且，如今企業處在競爭加劇和快速變革的環境中，面臨著越來越高的不確定性和風險，企業的「壽命」週期更是在進一步縮短。十年前的《財富》500 強中，將近 40%的企業已經銷聲匿跡；而三十年前的《財富》500 強中，60%的企業已破產或被收購。1990 年進入道鐘斯指數的十二家企業股票，只有通用電氣（GE）一家笑到現在。世界 500 強的企業如此，又何況那些中小企業了。於是，「富不過三代」這句話，幾乎成了所有企業的一個「魔咒」。

4

創業容易守業難

人常說：富不過三代，也經常有人說「創業容易守業難」。爲什麼呢？因爲通常第一代，也就是創業的人是經歷了很多艱難困苦才打下江山，創立事業的基礎；在事業上了軌道之後，環境比較寬裕了，壓力沒有那麼大了，對自我的要求也可能就此降低，開始去尋求其他刺激，或者沉迷於自己的功績當中。至於三代之說，也是這個道理。第二代子弟可能小的時候日子還是比較清苦的，長大後也會懂得珍惜生活。第三代可是含著金湯匙出生的，自小生活得無憂無慮，當然容易大手大腳，就此吃垮祖業了。

歷史相關的事例比比皆是。如唐玄宗，唐朝最興盛的「太平盛世」是在他統治期間創下的，可是唐朝由盛轉衰也是自他而始。由任用賢臣、大舉改革到信用宦官、專寵女色，最後落得個並不風光的結局，不知他在地下是後悔呢還是得意呢。

在目前的經濟環境下，企業家的個人素質直接關係到企業能否有好的發展。所謂做事首先是做人，什麼樣的人辦什麼樣的企業。「富二代」的素質關係到一代企業家的形象，關係到整個企業能否在改革之路上順利、穩健地成長、發展，值得引起社會各界的高度重視。

◎為什麼創業容易守業難

號稱全球最後一位花花公子的巴西人若熱·貴諾於 2004 年 3 月 6 日在曾經屬於他的巴西里約熱內盧豪華的科帕卡巴那皇宮飯店去世。花光了父親白手起家賺來的 20 億美元家產的貴諾震驚世界的敗家子宣言是:「幸福生活的秘訣是在死的時候身上不留一分錢，但我計算錯誤，過早地把錢花光了。」

沒有一個富二代會心安理得地被視爲「敗家子」。然而事實好像又總是讓人心灰意冷。在 2004 年財富管理論壇上，美林集團發佈的報告顯示，東亞地區的家族企業中，至少有 80%在第二代手中便宣告終結，只有 13%能成功地被第三代繼承。而石獅的富二代中也已經出現了不少整日花天酒地的紈絝子弟，爲什麼「富不過三代」像魔咒一樣籠罩在富二代的頭頂呢？

金大福珠寶的老闆李松雄先生說，所謂「富不過三代」其實與第一代人有關，他身邊有的朋友因爲自己當初創業非常辛苦，因此不再支持孩子走自己這條路，而支持孩子去從事醫生、律師等職業。其次，閩南多爲家族式企業，幾乎每一個企業中都有一個擁有絕對權威的家長，作爲企業的決策者，他們的性格往往比較強勢、霸道，而且現在一般也就五六十歲，正值壯年，他們往往擔心第二代太年輕，容易上當受騙而不願放權，無形中也使自己的孩子喪失了磨煉和獨當一面的機會。等父輩一旦卸任，便出現青黃不接。李先生說，由於生意的關係，他常與國外商人來往，「他們很多都是百年老店，現在已是第四代、第五代了，而且一代比一代有錢。他們也是家族式企業，但企業股權明晰，家庭成員分工明確。」

一位已經全面接手家族生意的富二代說，在他們的圈子裏，視爲不大爭氣的富二代大致有三類：第一類是有心無力。想把家族事業發揚光大，但自身能力不夠；第二類是對家族生意不感興趣，或者壓根對做生意沒興趣，這一類富二代要麼從事與家族生意完全無關的行業，或者放棄經商，做公務員或其他；第三類則是徹底的貪圖享受，不思進取，穿名牌，開名車。遇到這三類富二代，家族生意最終便會走向衰落或者不死不活。

從某種意義上講，富二代對於財富的佔有依據主要是身份，而不是使財富持續的能力；同時，由於生長在優越的家庭條件中，過度優裕的物質生活往往消磨了其社會理想和個人奮鬥的衝動。因此，表現出的第二代往往不具有他們父輩的熱情、理想、勤奮與才智。

由於「富不過三代」這樣的警語，以及閩南地區父業子承

的傳統，第一代的創富者往往對第二代的要求還是頗為嚴格的。而第二代由於一般都感受了較強的來自父輩日常教訓的發展危機感，因而對自身還保持著清醒的認識。有趣的是，隨著年齡的增長，許多第一代創富者對於自己的孫子輩即家族繼承的第三代往往表現出更多的寬容與寵愛。對於這些有著遠超過社會常規的優越生活與學習條件，自我優越感極為突出的第三代繼富者來說，他們在能力、魄力與見識上是否足以擔當繼富重任呢？

有道是「君子之澤，五世而斬」。幾千年前，司馬遷以一個歷史學家的眼光看到，「富無經業，則貨無常主，能者輻輳，不肖者瓦解」。也就是說，市場——一個自由競爭的市場——從本質上說是動態的。誰能獲得利潤，誰將蒙受虧損，是一個沒準兒的事情。甚至一個最聰明的企業家也不敢對自己的所有決策打保票。於是，財富將會在不同的企業家、資本家手裏轉來轉去，因為歸根到底，利潤、財富乃是企業家精神的一種物質表現形態，倘若沒有了進取、敏銳的企業家精神，財富很快就會縮水。

當人們將財富傳給自己的後代時，是否將企業家精神，那種發現機會、把握機會、利用機會的機敏，同時傳授給他？真正能夠創造財富的知識，總是屬於個人的、獨特的、無法言傳的，屬於默會的知識。財富確實可以讓富人的後代具有相對優越的條件，他們可以接受更好的教育，有一個更高的起點，但僅此而已。反過來，不過是更多地培養出紈絝子弟。

◎如何解決守業難問題

民企妥善處理接班人問題，不僅僅是天下父母心，更是一種財富責任。

「正泰有 100 多個股東，其中有 9 個高管。我們鼓勵這些高管的子女念完書以後不要進正泰，要到外面去打拼，並在打拼過程中對他們進行觀察和考驗。若是成器的，可以由董事會聘請到正泰集團工作；若不成器，是敗家子，我們原始股東會成立一個基金，請專家管理，由基金來養那些敗家子。」

在 2004 年 4 月 18 日正泰公司舉行的 2004 企業 CEO 圓桌會議上，正泰集團董事長透露了他關於接班人問題的想法。

據說，正泰集團經營者子女們玩一個按照父母在公司股份多少排座位的遊戲，觸動了南存輝設立一個「敗家子基金」的想法。他意識到，如果這些孩子將來接替父輩來經營正泰，會不會也是按照股份多少而不是按照能力高低來安排職務？他相信，所有的創業者都不願意看到因爲家族式管理而使正泰在兒孫手中敗落。

在過去的 10 多年，通過不斷地「做減法」，分散自己的股權，使得正泰集團規模不斷變大，也從家族企業轉變爲企業家族。如今他對企業接班人的這些設想，使得正泰集團向著現代企業制度又邁了一大步。

有一句俗語說：「窮人的孩子早當家」，其實富人的孩子更是早當家。在民營企業中，少帥的身影隨處可見。很多企業家

很早就開始刻意培養自己的孩子來「子承父業」。

魯冠球已把萬向集團總裁之位傳給其子魯偉鼎。1971 年出生的魯偉鼎是魯冠球獨子，魯偉鼎早早就進入了萬向集團，在集團各種崗位輪轉，1992 年底開始任集團副總裁，1994 年出任集團總裁，5 年後又到美國讀書，現任集團 CEO。很有意思的是，魯偉鼎在公開場合往往有名無姓，比如在參加首屆企業高峰會時他用的名字就是偉鼎。不知道這是魯偉鼎刻意的低調，還是魯冠球有意逐漸淡化自己對公眾的影響。魯偉鼎掌舵萬向集團以後，在資本運作上的成就被證券界人士認爲已經超過其父魯冠球。對於自己接班，魯偉鼎曾經說過這樣的一番話：「父輩們創造了過去，經歷著現在，還將繼續走下去；而我們這一代是踩著他們打下的基礎，沿著他們開闢的大道前進，理應走得更好、更遠。」

方太集團茅理翔一直是家族制的堅持者。在接班人的選擇上，茅理翔並不避諱選兒子做接班人這一事實，創業者不可能將自己千辛萬苦創下的資產交給家族以外的人去經營，必然會考慮讓自己的子女接班，這也是東方文化的一個特色。其子茅忠群接班後，茅理翔原來的飛翔集團改名方太集團，產品由點火槍專攻廚具，取得了空前成功。

5

龍的傳人未必就是龍

瑞士國際管理發展學院喬希姆·施瓦茲教授指出，家族企業從第一代向第二代交接權力出現失敗，與傳奇般的創業者的特性密不可分。他說:「他們不願意淡出權力中心，而且在培養接班人上也未充分意識到他們應做些什麼。」結果就如施瓦茨所說，第二代人「經常是以灰心喪氣、令人作嘔以及準備欠佳而告終」。王安電腦公司在選擇接班人上就是這樣。

「斷代」危機在眾多企業中也是很普遍的。20 世紀 70 年代世界經濟高速發展期間數以萬計的企業家創造了當今世界財富中的絕大部分，而他們現在都已經到了考慮讓位於下一代的年齡。

微軟公司的創始人比爾·蓋茨，可以說簡直就是該公司的化身，然而就是這樣一個企業，在 2000 年 1 月時，年僅 44 歲的比爾·蓋茨卻把自己擔任了 19 年的微軟 CEO 的職位交給了同樣年紀的好友斯蒂夫·巴爾默。爲此，業界爲之側目，一方面，爲比爾·蓋茨的激流勇退，將 CEO 職位傳給斯蒂夫·巴爾默接班感到不解；另一方面，也爲「Bill 和 Steve」組成的美國商界最知名的二人組合感到贊許。

6

在企業內部臨時選拔接班人是下策

中國的青島啤酒公司誕生於 1903 年 8 月，是一家有著百年歷史的優秀企業。青島啤酒的前任總裁彭作義，曾引發了中國啤酒行業「狂飆突進」式購併狂潮，三年間一路「攻城掠地」，爲青島啤酒的發展做出了巨大的貢獻。然而，正當彭作義躊躇滿志地憧憬著在自己手中完成中國啤酒業的整合之際，2001 年 7 月 31 日的一個意外使這一切突然停頓，喜愛游泳的他在青島海濱游泳時突發心臟病不幸去世，終年 56 歲。消息一傳出，8 月 3 日，香港股市青島啤酒早盤末段下跌 4.55%。

彭作義的去世令人防不及防，也令企業損失巨大。其實，在此之前，尋找彭作義之後繼任總經理的工作一直在有條不紊地進行。原因其實很簡單，董事長李桂榮已到退休年齡，而假如董事長退休，總經理彭作義將會順理成章地接任董事長。因此，給即將空缺的總經理位置物色合適的接班人，也成爲彭作義生前的一件大事。然而，誰也沒有料到，繼任者人選問題會來得這麼快，且以這樣無情而殘忍的方式擺在青島啤酒人的面前。

軍不可一日無帥！一個月後，青島啤酒董事會一紙任命，北方事業部總經理金志國接替了彭作義。從管理學的角度來講，沒有計劃性地培養繼任者，發生突發事件後，在企業內部臨時選拔的機制是企業處理接班人問題的下策。

7

接班人危機

復旦公司「掌門人」在 2004 年空難中辭世，一時間公司「群龍無首」。因爲總經理職位的暫時空缺，管理權也只能由高層集體執掌。儘管這是一次飛來橫禍，卻也在一定程度上昭示了企業「接班人」機制的缺陷和企業家危機感的缺失。

其實長期以來，這都是一個客觀存在卻沒人願意正視的事實，民營企業更是欲蓋彌彰。一份權威調查資料顯示，近 50% 的企業都面臨老一輩創業者或守業者對下一代的權力交接問題。一個企業「接班時代」已經悄然來臨，一場規模最大的財富遷移運動即將開始，毫無疑問，「權力」交接時代也是企業最脆弱的時刻。在「富不過三代」的魔咒下，老總們在選擇「繼承人」時更是舉棋不定，是「世襲」還是「禪讓」？但無論有多少爭議，雜音有多大，「財富二代」已經粉墨登場……

8

企業接班人計畫成為當務之急

企業向來沒有公開討論和制定接班人計畫的習慣，對身後「托孤」之事一向諱莫如深。而在未來幾年企業領導人經過 20 多年的創業發展，已逐步進入退休年齡。如果說前幾年，接班人的話題只是概念，現在「接班人」已經是不少企業發展的當務之急了。

◎警惕危險的斷裂

曾有專家用 5 句話來形容目前國內企業接班人存在的危機：

- 「前不見古人，後不見來者」——企業家接班人意識缺乏危機；
- 「蜀中無大將，矮子頭上選將軍」——接班人素質危機；
- 「合久必分」——家族企業接班人分歧導致分裂；
- 「山雨忽來，群龍無首」——高管人才突然缺位導致的危機；
- 「退而不休，垂簾聽政」——企業接班人的環境危機。

據有關調查統計， 90%以上的企業沒有明確的接班人計畫，這其實是一個很大的缺失。一旦企業或是老總出現什麼意外，企業的運作就會出現很大的問題。企業如果沒有接班人計畫，實際反映出這家企業沒有持久發展的企業文化，企業要打造百年基業必然需要不斷有合適的接班人湧現。很多企業家都有一種不服老、不服輸的心態，但該去的總歸是要去的。一些身負重壓的生命以這種或那種形式戛然而止。不管領導人內心如何看待，接班人問題終究要未雨綢繆，早做打算。

◎「後繼無人」的苦惱

企業領導人的更換是每一個企業最艱難，也是最關鍵的一個「坎」。能否選出合適的接班人傳好「接力棒」，對企業的安危至關重要。

在接班人的選擇上，現任領導人的意見無疑具有舉足輕重的作用。尤其是現任領導人享有很高威望的情況下，他基本上左右著未來的人選。

然而，現年已經 60 多歲的娃哈哈集團董事長兼總經理的管理卻要面臨著無人可選的尷尬局面。他曾不止一次在公開場合表示，目前還沒有發現理想的接班人，也許需要再過 10 年才能培養出自己的接班人。不可能不知道沒有接班人的危機，但又是什麼原因讓他找不到接班人呢？「典型的集權主義企業家，他將娃哈哈的榮辱成敗全部系於他一個人，有那個接班人能做到這點呢？」一位深諳娃哈哈內情的專家這樣分析。

瞭解娃哈哈的人都知道，娃哈哈是人治式管理的一個極致樣板，多年來形成了一套超級扁平而又絕對集權的管理構架：不設置副總，總裁之下直接就是「中層幹部」的管理事無巨細，無不過問，據說在每天早晨上班之前，辦公室前都會排一個長隊——等著簽字報銷。

這樣做的好處非常明白，全公司上下齊心，有凝聚力，但也很容易將領導人個人危機變成了企業的整體危機。從公司的長遠發展來說，就面臨一個問題，以後誰來坐這個位置呢？誰還有這樣的威信呢？沒有這樣威信的接班人能接手娃哈哈嗎？何況已到了退休年齡，歲月不饒人。後繼無人怎麼辦？真替娃哈哈捏把汗。

其實，這樣接班人缺位的企業家比比皆是，尤其是頗具個人英雄色彩的第一代創業者，在集權與交權之間博弈，必然帶來「後繼無人」的煩擾。

◎未雨也要早綢繆

企業接班人計畫是一項長期的系統工程，它需要企業科學系統的規劃。有句古話：凡事預則立，不預則廢，所以接班人的選擇和培養宜早不宜遲。

通用電氣的前 CEO 雷吉·鐘斯花了 3 年時間觀察，最後才從 3 個候選人中挑中了傑克·韋爾奇，又用 2 年時間創造條件「定向培養」。雖然韋爾奇本人 2001 年才退休，但斟酌挑選下一個 CEO 的工作也足足用了 7 年的時間。一些管理學者建議，

現任 CEO 或家族企業所有者最起碼要在他們準備退下前 4 年就應該著手有步驟地實施接班計畫。雀巢 CEO 包必達甚至表示，他從上任第一天開始就著手培養接班人了。

其實也不乏交接班成功的案例。方太集團的創始人和兒子的權力交接是業內比較成功的一個案例。接班理論是帶三年、幫三年、看三年，早在交班前的七八年，他就開始對兒子進行培訓和教育，使其儘早獨當一面。

飲料行業的蒙牛集團總裁，雖然今年只有 48 歲，但是已經發出向全球招聘接班人的宣言。他已經打算將董事長和總裁這兩個職位分設，2006 年他將辭去集團總裁之職，僅保留董事長職務，而董事長的接班人方案在 2002 年就已經確定，人選就在副總中間產生。這樣就能逐步走進幕後，「接班人合適了我們就讓他繼續幹，不合適我還有來得及換的時間。」

不僅對最高層的接班人上有長遠考慮，蒙牛幾乎所有中層以上幹部都有「接班人」。一般來說每個崗位的接班人有 2~3 個，其中兩個在蒙牛企業內部，已經確定且告訴本人，另外一個是不確定的，準備「空降」。

9

日益加劇的領導力短缺：為什麼要建立「人才加速儲備庫」

進入 21 世紀後，幾乎所有企業的高管都面臨著相同的難題：領導人才供不應求。事實上，缺乏能夠勝任重要領導職位的人才已經成爲當今管理者所面臨的最大挑戰。例如：

世界大企業聯合會(The Conference Board)對美國、歐洲及日本的首席執行官進行調查，詢問他們最關心的議題，結果人才的競爭被列入五大最重要問題之一(Csoka，1998 年)。

企業領導力委員會(Corporate Leadership Council)在 2000 年調查了 252 家公司，其中大多數(76%)都對未來 5 年內領導人才供給的保障缺乏信心；64%的首席執行官都承認，領導力是一個需要優先考慮的問題；只有 18%的公司把它放在次要位置。

由此可見，在過去 5 年中，招聘仲介、獵頭的收入以 2 倍於國民生產總值增長率的速度發展也就不足爲奇了(Chambers etal，1998 年)。

◎你的企業需要為領導人才問題擔憂嗎

（　）貴公司的領導人才培養是否可以滿足企業發展的需求？

（　）貴公司是否有這樣的經歷：在過去一年中，有某個關鍵領導職位（總經理及以上）長期空缺？是否需要到企業外部去尋找人選來擔任這一職位？這將增加多少公司成本？

（　）貴公司是否爲了填補某些職位而降低對領導資質的要求？

（　）貴公司的領導人如果重新申請他們的現任職位，當選的幾率是多少？

（　）在過去 5~10 年裏，貴公司高層管理者面對的業務挑戰是否有許多變化？

（　）貴公司現在的高管在最初就職時是否已經做好了擔當該職責的充分準備？

（　）有多少已經培養成功的人才或者正在培養中的人才在晉升前離開了公司？

如果這些問題讓你感到不安，或者你甚至根本就不知道該如何回答這些問題，那麼尋找領導人才就應該成爲貴公司的當務之急。在未來 10 年中，大多數成長型企業將非常渴求領導人才。與此同時，由於高管層的大量人才因退休或辭職而離開，越來越多的公司將面臨領導人才的極度短缺。

即使貴公司並不處在發展階段，也不存在退休比例增高的

威脅，你仍應對此未雨綢繆。研究表明，企業對人才的需求正在逐漸上升，而供給卻呈螺旋下降趨勢，最終必將引發企業之間的人才大戰。為了贏得這場戰爭的勝利，企業必須擅長招聘和提拔員工，更重要的是——留住人才。

1. 大多數公司沒有做好準備

企業為關鍵領導職位尋找人選並非易事，這裏存在多方面的原因：

⑴隨著企業結構日趨複雜及全球化，一個成功高管所必備的資質(行為、知識和動機)也在上升，超出了傳統的商業和領導技能。他們必須擅長協同合作，高屋建瓴，能夠處理大量模糊資訊，應對國際事務，迅速決策。最重要的是，他們能夠發掘員工的才能，而不僅僅是好的管理者。

⑵所有高管層的任職資格標準都在上升，因為這些職位現在面臨著更多挑戰。高級經理曾被要求是一名好的溝通者；而現在，他們則必須成為更加卓越的溝通者，因為他們需要把組織的願景傳達給員工，幫助員工理解其內在含義。高級經理長期以來都必須能夠有效地管理組織變革；而現在，他們則必須擅長推動持續變革，並有效地應對任何阻力。

⑶在未來，理想的高管候選人還需要具有更廣泛的工作經驗。例如，許多企業堅持候選人要有創業、併購的經驗；要有在快速成長的公司中工作的經歷；實施過變革或者推行過新的技術；在國外擔任過領導職務。為什麼有這麼多要求？因為，如果他們只負責過某一領域或者只有一個國家和地區的視野，他們就不可能具備很強的適應性和靈活性。不可能在陌生的領

域中遊刃有餘。

2. 為什麼要培養自己的領導人

總而言之，尋找和吸引領導人才越來越難。

在企業內部和外部的人才庫都日漸縮水的情況下，要從中選擇候選領導人，將導致諸多不利因素。此時，「培養企業自己的領導人」就是一個顯而易見的戰略。做此選擇的原因有很多，其中之一就是，預先找出合格的後備領導人才，無論是從長期來看，還是在危機時刻，都可以幫助企業滿足各個級別上的領導力需求。同時，它還保證了管理的連續性，使企業的戰略執行及價值觀的建設保持連貫，與預期中的變革保持協調一致。從外部覓人同樣需要花時間，而在此期間企業的領導職位處於空缺狀態，這將會導致錯失許多良機，或者無法開展預期的業務活動。另外，如果能在內部遴選中保持恰當的性別比例，還有助於企業實現領導職位人選的多元化目標。

培養企業自己的領導人的一個關鍵好處就是它向企業員工傳遞了正面資訊。從內部選拔人才可以助長士氣，對於建立積極的企業文化也很關鍵。人們希望加入並留在一個致力於培養自己內部員工的企業。高潛質員工離職的首要原因就是他們晉升的速度太慢。內部提升與授權的管理哲學同出一轍，它鼓勵員工承擔責任、勇於冒險、衡量結果，通過完成目標實現成長。反過來，如果不注重在內部提拔員工，企業就可能會流失對一個組織來說最有價值的資源，即優秀員工和他們的智力資產。

一般來說，與外部人員相比，企業通常對內部候選人的優劣勢瞭解得更清楚，並掌握更多有用的績效相關數據。因此，企業可以根據更充分的資訊做出更準確的選擇。這在選擇高管人才時尤爲重要。在高層職位上，錯誤的招聘決策不僅成本昂貴，而且對企業還具有很大的殺傷力，致使士氣低落、股價下跌。

最後，有效發掘和培養企業的領導人才儲備會給企業帶來股票市場上的顯著優勢。領導力發展不再只是一個簡單的人力資源課題。未來領導力的培養已經成爲董事會和投資者關心的重大議題，是推動企業股價的重要因素。

10

何必擔憂人才過剩

有些企業不擔心內部人才的短缺，相信可以在外面招到，或者這個問題總會自行解決。下表羅列了一些持有這種看法的高級經理的理由，以及我們對這些特殊情況的看法。

你可能已經認識到了，企業的長久成功需要強大的人才儲備戰略。本書餘下的部分就將爲你描述這樣一個全新的系統——人才加速儲備庫。

對「自培人才」兩種觀點的論據對比

什麼都不做的理由	宣導自培人才者的觀點
爲什麼把選擇局限於公司內部呢？全世界到處都是人才。	儘管人才遍地可尋，但是吸引他們到貴公司則費用更高、風險更大——新任高管的失敗率據估計高達50%，另外它還會引發士氣問題。
最好的人才會自己升到頂層。	最高領導人需要廣博豐富的經驗，而經驗的獲取並非偶然。如果缺乏系統的方法培養領導人： ・許多有才能的員工將沒有機會擁有一個高效的領導——他不僅是工作上的導師，還能爲新的變革行爲樹立楷模，並爲實現工作績效掃清道路。這種領導力的影響是個人成功的一個主要因素。不幸的是，這樣的領導人少，之又少。 ・員工的技能開發將會很隨意，不能讓他們爲下一階段所面臨的挑戰做好準備。例如，一個沒有合適培養計畫的員工可能接到五項任務，每項所需的都是同樣的技能；相反，一個有良好培養計畫的員工會得到一系列的任務，每項任務都被設計成用來開發新的技能。同樣，有些經歷能讓員工有機會認識自己(激勵他們發展自己)，而有些則不能。
被視爲高潛質的人才會要求更多的薪水。	高潛質的人才希望成功的業績能得到相應的薪酬，也希望薪水高過業績較差的人。同時，他們也需要更多的歷練、經驗、對高管層的參與，以及上司對他們業績的讚賞。此外，他們也樂於知道公司有志於長期留住並培養他們。

續表

如果你告訴員工他們潛力很大，他們會把眼光投向其他公司裏更好的機會。	如果員工知道自己被視爲具有高潛質，他們留在公司的可能會更大。實際上，高潛質員工的離職通常是因爲他們沒有看到更多的機會或者新的挑戰。
判斷誰有潛力並且培養他們是在浪費金錢，因爲許多員工在到達高管職位前就離開了。	今天在對人才的爭奪中，確實有 50%的進入高潛質隊伍的人才在真正擔任高級職位之前離開了公司，尤其是當這個隊伍中有許多年輕人時。儘管如此，如果「人才加速儲備庫」能夠正確運作，它仍然是一個很好的投資。每個被培養的人都應該有相應的回報，同時你仍然有剩下的 50%可以提升。另外，「人才加速儲備庫」可以提高企業對外部高級人才的吸引力，因爲它提供了發展和就業的機會。
領導人是天生的，不是製造出來的。你不可能培養出領導人來。	天生具有某種領導氣質和技能是一個很大的優勢，但是這還不夠。即使是最好的領導人也需要通過培訓、強化和經驗來提高他們的能力、培養新的技能並且獲得進一步的訓練。
人是無法改變的。你無法教會一個守舊的人新技巧。	對員工進行組織行爲的培訓、開發，其正面影響是可以衡量的。當然，聰明的人從中的收穫要更多一些，但是每一個人都會從適當的培訓與經驗的組合中受益。
選擇是關鍵。我們只要花錢選擇最好的人就可以了。	選人固然很重要，但並不是全部。有可能成爲優秀領導人的人也許並沒有成功所需的經驗。這樣，你就要冒一定的風險，因爲你沒有太多的人可供選擇。

續表

優秀的領導人你一眼就能看出。	優秀的員工很容易被漏看，而且人們往往根據某個人在某個水準上的成功來推測他下一步的成功。我們的評估經驗證明，最好的溝通者並不一定是最好的領導人。並且，對領導能力的要求一直在變化，所以，這就更難判斷一個人是不是好的領導人。明天的高層職位可能與今天的要求大相徑庭。
有同樣工作背景的人都差不多（例如，銷售人員、工程師都很相似）。	有著相似背景和職位的員工，他們之間的技能和知識差別很大。
我們對於內部人才沒有信心，我們必須去外面尋找。	公司中優秀的員工遠比你想像的要多，他們具備必需的技能，熟悉公司的狀況，瞭解它的運營和歷史。而關鍵在於找到他們。建立起一個發掘人才的體系是第一步，然後是改善繼任管理系統以開發你的人才。
員工知道他們自己的發展需求。	有些人能夠正確地認識自我，但是許多人都不能，這一點可以通過 360°工具中自我打分和他人打分的巨大差距得到證實。我們觀察到，新任高管明顯缺乏對自己優勢和發展需求的洞察力，這一點遠不如他們對自己所經營的業務的認識。
員工得到認可之後，自然會知道他們需要培養什麼樣的技能和知識。	員工通常無法高瞻遠矚地看到公司的前進方向。他們經常選擇一些無助於他們長期利益的任務，拒絕那些對他們長遠來看有益的任務。最近高管輔導增多的原因之一，就是與執行商業戰略相比，大多數領導人對於如何發展自己和培養別人比較缺乏創新。

續表

上司們肯定知道下屬需要培養那些技能和知識。	如果沒有更高層的指導和鼓勵，上司往往缺乏培養高潛質員工的興趣，或者欠缺相關的技能或洞察力。
企業讓員工在不同的工作和任務間調動會造成生產率的下降。	當員工在新的工作崗位上學習時，他們會從新的挑戰中獲得更大的激勵，用嶄新的眼光審視問題，瞭解公司的其他部門如何工作，這些所得都遠遠超過了生產率在短期內下降帶來的損失。此外，還有一些有創造性的培養策略，並不一定要安排新的工作（如短期任務、特殊項目等）。

11

採用「人才加速儲備庫」的17條理由

◎更公平的優勝劣汰

南加州大學的摩根・麥考爾（Morgan McCall）教授在高管培養方面很有造詣，他和其他學者指出，許多企業依賴達爾文式的優勝劣汰來培養高層主管——發掘出最優秀的人才，然後不斷施加越來越嚴酷的挑戰，讓他們要麼爬到公司的最高層，要麼被淘汰。「人才加速儲備庫」採用的可不是這種方法。儲備

庫中的人才接受激發潛力的任務，並得到必要的支援和指導來完成任務。有些不能勝任的員工確實也會被剔除出儲備庫，但是這個系統盡可能地排除了大多數影響員工職業發展的不公平因素。通過「人才加速儲備庫」系統，企業能夠更好地追蹤員工怎樣完成任務、都做了些什麼、學到了那些東西，從而評估員工的行爲和績效。與此相反，在達爾文式的方法下，員工只會遇到異常嚴峻的挑戰和競爭，讓他們狼狽不堪。我們強烈主張給員工準確的回饋，告訴他們那裏做得好，那裏有待提高，幫助員工從經驗中學習成長。

「人才加速儲備庫」系統不斷地培訓員工，使他們在遇到挑戰前做好充分準備，正確地應對挑戰並最終取得成功。我們的方法更像農業耕作，給種子施肥、培育，而不是通過一系列的測試和挑戰，物競天擇、優勝劣汰，看誰最終能夠勝出。下面詳述「人才加速儲備庫」系統比企業達爾文主義更加適用的17 條具體理由。

1. 是面向 21 世紀的規劃

「人才加速儲備庫」系統的假設和傳統的人才接替規劃系統有很大差別。

2. 考慮成員的接受意願

過去，大企業可以在全世界範圍內自由調動員工，無需過多考慮員工個人的需求和願望。IBM 公司曾經被戲稱爲「我被調來調去」公司(I've Been Moved，縮寫也是 IBM)。在商業巨頭彭尼公司(J. C. Penney)，某個經理可能會在週五被告知，他必須在下週一到另一個城市的新崗位任職，而且他肯定會服從

這樣的安排。但是在今天，這樣做已經很不合適，而且也很不現實了。越來越多的員工希望他們的工作能夠與自己的生活方式相匹配，他們在接受新工作時也越來越挑剔。

「人才加速儲備庫」認同這樣的事實：被遴選出來的領導人才自行決定他們是否願意加入儲備庫。一旦加入，他們可以參與決定自己要做什麼。在「人才加速儲備庫」流程的診斷階段，員工的職業興趣、對自己發展需求的觀點都會被納入考慮。員工被告知每一項擬議中的新任務，以及他們可以從中學到什麼，特別是他們需要在任務中彌補那些欠缺的領導能力。這樣他們就可以明智地決定是否要接受任務。員工一般都很樂意接受這樣的任務，因爲他們已經看清楚了這樣的經歷將怎樣幫助他們成長。

3. 減少文案工作、時間耗費以及官僚主義

「人才加速儲備庫」的一個主要好處就是大幅減少了傳統接替規劃下繁重的文案工作。每年的接替規劃，以及編撰、填寫報表過程中的官僚主義不復存在；企業傳統上在員工評鑒或者 360° 回饋之後要填寫的個人發展計畫(IDP)也不復存在。兩個簡短的表格取代了個人發展計畫，改進的系統流程取代了傳統的官僚主義。

4. 無需最高層額外花時間來分工作和培養任務

我們接觸過的所有大中型企業幾乎都有每年一次或每半年一次的某種人力資源評估。大型企業是按照戰略業務單元或者職能部門來進行這種評估，而中型企業可能同時爲整個企業的員工進行提升和培養的評估。「人才加速儲備庫」系統不會增加

人才評估的數量或耗費的時間，而是提供額外的數據、結構和側重點，來保證儲備庫中的每個員工都能得到最好的培養機會。

5. 加速發展中心提高了發展需求診斷的準確性，且更公平

如今的加速發展中心與傳統的評鑒中心有許多不同之處，能夠更加準確地診斷出員工的發展需求。加速發展中心促使被培養的員工處理傳統上總經理和高管們所面臨的各種問題和情境；同時，接受評鑒師的觀察。

企業和組織心理學上的一個事實就是，如果採用多種與工作相關的方法，讓多個受過專門培訓的評鑒師系統地運用其洞察力整體地評估某個員工，結果將會更加準確。這正是加速發展中心的運作方式。它讓不同的評鑒師觀察這些員工處理情境模擬中的不同問題時的行爲表現。而情境類比是專門設計來反映在目標職位上可能遇到的各種挑戰和問題的。除此以外，加速發展中心也使用紙筆等工具，以及行爲面試來進行個人需求診斷。

加速發展中心的方法其實是讓員工在無風險的模擬環境下嘗試扮演高管的角色。儲備庫成員在去加速發展中心之前，先訪問中心的網站，瞭解中心的運作方式，以及他們即將加入的虛擬公司的相關資訊。網站上提供了大量有關該虛擬公司和職位的資訊(比如一個關鍵的副總裁職位)。同時，成員也要在網站上提供自己的背景資訊，並回答一些個性調查問卷。

在一個方便的日子，儲備庫成員前往加速發展中心，坐在辦公桌前，學習如何使用該虛擬公司的電子郵件和語音郵件系統。作爲公司「副總裁」，該成員要準備在當天結束之前做一個

關於新戰略規劃的演示。與此同時，還有無數的備忘錄、電子郵件、語音郵件，迫使他考慮各項任務的輕重緩急，組織自己的工作時間，並且同時做多項決策。

在這一天，該「副總裁」還要會見以下各色人等：

- 兩位彼此不願合作的高管，他們之間的矛盾很可能會讓一項很重要的新系統泡湯。
- 未能完成銷售目標的銷售部門主管。
- 在工作午餐時間與一位同事會面，一同起草戰略規劃的演示稿。
- 另一家公司的高管，一個可能有發展機會的戰略合作夥伴，但目前只想直接購買公司的技術。
- 一位憤怒的客戶，打算改投別家。
- 當地電視臺的記者，聽到公司的產品有可能污染環境的傳聞。

在這位儲備庫成員對另外一群「副總裁」做完戰略規劃演示之後，還要接受背景訪談，回答關於其採取各項行動的理由的問題。

所有這些活動都被壓縮在一天之內進行，整個過程嚴格而漫長。此時，該儲備庫成員已制定出戰略方向，測試了其戰略願景，解決了客戶、人事、多元化、職場嫉妒等眾多問題。

儲備庫成員在參加完這樣一整套模擬之後，將會得到評估者對其行爲和決策的回饋意見，以及心理分析和訪談的回饋。這種回饋讓儲備庫成員清晰地認識到自己在目標職位上的優勢和弱點。如果讓該成員得到有關自己能力和缺陷的 360° 全部

數據，則他對自己的洞察還會更加深入。

6. 培養方案、工作任務同企業的成功聯繫在一起

能夠帶來實際變化的培養方案，其共同點在於根據員工必須達成的戰略業務重點來設計儲備庫成員的培訓內容。而跟成員業務目標沒什麼關係的培養方案，在概念上也許頗具吸引力，設計的初衷都是出於好意，但是考慮到成員的時間有限，它們實際上往往被排在了成員優先發展事項列表的末端。

在每一項工作或者任務開始時，主管和導師都應當確保儲備庫成員清楚地瞭解必須完成的業務目標及其重要性。這是培養方案的第一步，只有這樣才能通過培養活動強化績效目標，而不是用培養活動來取代績效目標本身。有些傳統的高潛質人才培養計畫只是讓員工花時間完成一些任務，卻沒什麼績效壓力，這和我們的做法大相徑庭。

7. 對遴選、診斷和培養同等重視

許多企業繼任管理系統的問題在於強調發掘人才、診斷其優劣勢和發展需求勝過完成培養目標。許多企業誤以為，找出高潛質人才，給予他們關於優劣勢和發展需求的回饋就足夠了，然後就指望這些人才自己成長。沒有具體的培養行動，僅僅診斷並不會帶來結果。

8. 在最佳時機完成培養規劃

在傳統的接替規劃流程下，高潛質人才在完成診斷評估之後立刻要填寫個人發展計畫。但是，員工其實並不一定知道自己下一個工作崗位或者任務是什麼，也不清楚自己能得到什麼發展機會，更不知道能從未來的領導那裏得到什麼支援。沒有

人挑戰他們的想法或者給出其他建議，他們考慮各種可能性時得不到任何幫助。結果許多個人發展計畫散漫無章、含糊不清、過於簡單，諸如「我會在此方面更加努力」或者「我會參加一門相關課程」之類。

在「人才加速儲備庫」系統中，成員們根據高管資源委員會建議的具體目標和本人設立的額外目標，在每個新崗位或者特別任務開始之前制定自己的發展規劃。此時他們已經清楚地瞭解了其包含的機會和挑戰。主管和導師都瞭解其任務，可以提供建議，幫助成員制定富有創意而又腳踏實地的計畫，同時承諾給予一定的協助。

9. 幫助培養技能、建立信心

許多標準的培訓項目只能帶來很少的技能和信心。要真正將所學的技能融入到日常的行爲模式中，儲備庫成員必須立刻運用這些技能，並且在運用前後都得到恰當的指導。在許多企業裏，培養的重點被錯誤地放在了完成各種培訓項目上，而不是有效地運用所學。在「人才加速儲備庫」系統中，技能的運用同培養行動的選擇聯繫在一起進行規劃，這樣可以保證立刻學以致用。

10. 成員瞭解每次活動的學習目標和任務

在傳統的方法下，員工被指定去完成某項工作，跟著他們的新領導學習某種特定的領導技能。然而，不知道爲什麼，沒有人去解釋這個目標。結果，這些員工往往專注於任務中其實並不重要的某個方面。類似地，員工有時被要求去參加跨組織或者跨職能的任務，以拓寬某些領域的知識。然而，由於他們

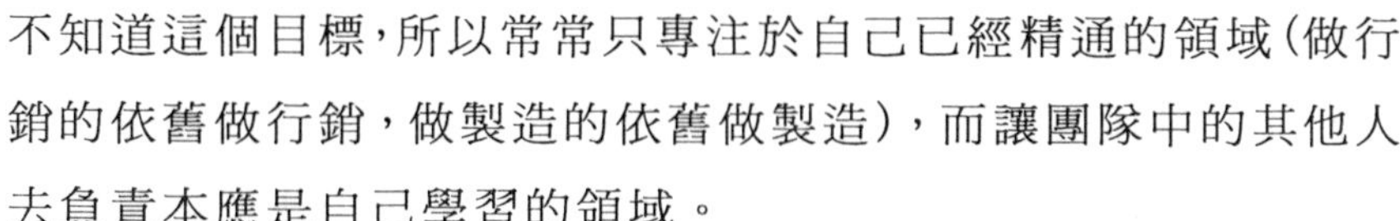

不知道這個目標，所以常常只專注於自己已經精通的領域（做行銷的依舊做行銷，做製造的依舊做製造），而讓團隊中的其他人去負責本應是自己學習的領域。

「人才加速儲備庫」的流程能夠排除這種對任務的「無知」。儲備庫成員準確地知道應該從每項培養活動中學到什麼，以及如何在工作中加以運用。

11. 員工能夠得到幫助

儲備庫成員經常需要得到幫助，以瞭解新任務的範圍和限制；他們也需要隨時可以找到主管溝通，得到想要的資源和資金；他們需要運用新的技能，還需要時間去參加培訓和實踐項目。儲備庫成員和他們的主管一起制定「發展行動表」，就更有可能得到來自主管的支持。「人才加速儲備庫」系統會防止成員制定出很不實際的方案。成員的導師通常也會參與制定培養方案，提供自己的意見，並且向成員的主管微妙地施加壓力，督促他為成員的培養做出必要的貢獻（比如，撥出參加培訓的時間，承擔一些特別的責任等）。

12. 重點在於改變行為並予以證明

僅僅一個培訓計畫，或者一個好教練，很少能夠帶來行為上的改變。改變行為需要多方面的投入，這正是「人才加速儲備庫」所提供的。在這個系統下，員工參加某個培訓計畫以學習技能，承擔某項工作任務以使用這些技能，從相關的主管那裏得到指導和支持，還有可能通過短期的體驗獲得額外的實踐機會。

儲備庫成員用「發展行動表」來計畫自己將如何運用目標

技能、知識和行爲，如何記錄自己的運用成果(例如，某個項目的結果，360° 評鑒的得分等)。填表的關鍵在於確保培養方案注重行爲的改變和最終成果。儘管重點在於改善技能和行爲，但還是應該讓儲備庫成員感到自己得到了一個安全的犯錯機會。填表的目的在於保證員工的責任感和成就感，而不是讓他們感覺好像在遭受嚴格的審查。

13.記錄員工的進步和成就

要保持激勵，就要讓儲備庫成員感覺到他們的努力正在得到回報，而且必須能夠證明這一點。「發展行動表」的第二部分幫助員工衡量和追蹤進展，記錄下他們在每項培養活動中對目標技能和知識的運用。該文件強調的是員工的學習和進步，這對於留住高績效人才來說越來越重要。

14.明確主管和導師的角色與責任

在傳統的繼任規劃系統下，主管和導師的角色經常模糊不清。導師／主管和被培養的員工經常等著對方主動召開會議，或者等著管理繼任系統的人發來表格或備忘錄告訴他們該怎麼做。當他們終於在一起開會時，會議的目標又常常沒有說清楚，這就很難去衡量這種培養關係是否成功。這種不確定性就導致沒什麼人有熱情從繁忙的日程工作中撥冗參加這種會議。很快，開這種會議的頻率越來越低，甚至完全消失。

在「人才加速儲備庫」系統下，公司充分支援主管和導師去培養儲備庫成員。他們以自身角色的期望和責任爲導向，很容易得到所需資源支援培養工作，例如培訓和發展規劃的線上指導。爲了使主管和導師掌握培養員工的工具和流程，公司會

對他們進行簡要培訓，安排人力資源專家或者更有經驗的高管與他們進行一對一的會談。個別主管還需參加短期的正式培訓課程。

15. 留住人才是系統的重點之一

許多主管在得知某個關鍵員工爲了別處更好的發展機會而離職時都很震驚。在隨後的離職談話中，主管聽到該員工抱怨說怎麼也看不到自己在公司的未來——儘管已被公司列爲應保留的高潛質關鍵人才。問題就出在了溝通上——沒人去告訴這個員工，他／她爲公司做出的貢獻得到了高度評價，在公司將會有一個光明的前景。

這種情況不會出現在「人才加速儲備庫」系統中，因爲每個成員都很清楚成爲儲備庫成員的好處和責任，可以自行決定是否要加入。他們知道自己被看做是具備高潛質的人才，也清楚自己得到高管層的特別關注。他們明白自己得到了發掘自身潛力的工具和機遇，可以設定自己的目標，塑造自己的未來。

我們堅信，留住人才的關鍵在於給予他們豐富的學習和培訓經歷。如今，員工們希望自己能夠學習、成長。事實上，員工離職最主要的原因之一就是「缺乏個人成長」。「人才加速儲備庫」的成員有大量(而且明顯)的學習和提升機會，他們有很強的動力要留在這個公司。

16. 最高管理層(終於能)及時、準確地掌握關鍵崗位的任用資訊

高管層感到受挫的一個常見原因是他們在任命領導崗位時，缺乏可信的、全面的候選人資訊。儲備庫成員在網上維護

著一個關於他們發展需求和成績的線上檔案，而這只有本人和高管資源委員會的成員才可以看到。DDI 相信，這種檔案很快就會成爲絕大多數儲備庫成員在公司局域網上個人頁面的一部分。

這種方法能夠解決大企業人力資源的歷史性難題：無法及時掌握員工技能和知識的變動情況。絕大多數企業根本不知道他們的員工何時培養了新的技能，學會了一門新的語言，或者經歷了新的挑戰。通常，他們會要求員工定期填寫調查問卷以更新數據庫，但是在如今快節奏的世界，這幾乎是一項不可能完成的任務。而在「人才加速儲備庫」系統下，儲備庫成員知道自己有義務保證這些數據的及時、準確。而且，他們知道最高管理層會至少每半年審閱一次這些數據，因此，員工會很積極地及時更新數據。

17. 儲備庫只由直接主管來驅動，不會被看成是「又一個人力資源項目」

高管層必須最有效地利用自己的工作時間。人力資源部門負責提供支持、建議、協助，承擔許多重要工作來幫助「人才加速儲備庫」系統的運轉，但是這個系統本身並不屬於人力資源部門。

第二章

接班人計畫

1

如何防止企業「斷代」

可以說，傑克・韋爾奇是一個光芒四射的人物，他在通用電氣公司的表現足以成爲全球經理人的楷模與偶像。

自 1981 年傑克・韋爾奇接任通用電氣公司第 8 任總裁到 1998 年，GE 各項主要指標皆保持著兩位數的增長。在此期間，GE 的年收益從 250 億美元增長到 1005 億美元，淨利潤從 15 億美元上升爲 93 億美元，而員工則從 40 萬人削減至 30 萬人。到 1998 年底，GE 的市場價值超過了 2800 億美元，已連續多年名列「Fortune 500」前列。如此赫赫業績，使通用電氣在《財富》雜誌第三屆「全球最受推崇的公司」的評選中再次名列榜首，並且比位居第二的微軟公司得票率高 50%。

《基業長青》一書應該是舉世公認的研究優秀企業名著。然而此書中卻認爲:在通用電氣公司(GE)歷代首席執行官(CEO)中，韋爾奇的最高名次只能排在第二位。而第一名應該送給 GE 的另一位領導科芬，科芬是韋爾奇的前一任 CEO，因爲沒有科芬開創的 GE 機制，韋爾奇就無從誕生。而傑克・韋爾奇本人也認爲自己最大的功勞就是選擇了伊梅爾特作爲通用電氣的接班人。

的確，在一個 CEO 的工作生涯中，如何保持公司的持續、健康發展是一件尤爲重要的事情，而選擇接班人正是這一事情中關鍵的一環。

◎經營者，這是你的職責

企業在創業初期，離不開英雄。一個英雄式的創業人物必須具備大膽、敏感、有魄力、人際資源閱歷豐富等素質，尋找到商機，創造出非凡的業績。但如果企業要持續發展、基業長青的話，過分依賴領袖人物的作用就很危險。

企業經過了創業階段，發展到一定規模之後，企業的制度和文化更重要了。而且優秀的創業者在成功之後，應培養自己的接班人，這是他們的職責。

一個成功領導者或者企業家的重要職責就是：建立一套健全的能指導企業方向的規則和制度，這套規則和制度，能夠使企業在領導者離開或退休之後，還能按原來既定的正確方向繼續前進。

著名管理學家柯林斯在《基業長青》中有這樣一個比喻，「如果一個企業裏有一個報時的人，這已經非常難得了，但能夠給企業造鐘的人更重要。」一個優秀的企業需要「造鐘的人」，這也是領導者所應具備的職責。

◎要有意識地去培養

三國時期的諸葛亮可以說是劉備特聘的蜀國經理人。他善智謀、勤王事，出將入相，鞠躬盡瘁，成就了劉家三分天下。然而，諸葛亮畢竟不是完人，其治理方法也有不盡如人意的地方。其中，事必躬親，凡事獨攬一面，沒有爲蜀國培養出一個好的接班團隊和接班人，是他最大的失誤。

諸葛亮「夙興夜寐」「親理細事」,「大事獨攬、小事包辦」,「內政軍戎，事必躬親。」《資治通鑒》記載，諸葛亮曾親自校對公文。主簿曾打比方勸他:「有一個人，使奴僕耕田，婢女燒飯，雄雞報曉，狗咬盜賊，以牛拉車，以馬代步，家中事務無一曠廢。忽然有一天，這位主人打算親自去做所有的事情，結果自己累得疲憊不堪卻一事無成。難道他的才能不及奴婢和雞狗嗎？不是，而是他忘了作爲一家之主的職責。」但諸葛亮不聽勸告，仍然「罰二十以上，皆親覽焉」，以致自己被弄得「食少事煩」，甚至演出「出師未捷身先死，長使英雄淚滿襟」的悲劇。

諸葛亮雖爲一世英雄，終因不明宰相崗位職責，大小事情一人決，最終把自己累死。經驗證明，任何人都無法做到事無巨細。一個人的能力是有限的，一個領導者從體力和精力上來說，是不可能傾盡一個地方一個單位所有工作的。過去，我們一直把事必躬親，群眾一身汗，領導一身泥，整日勞碌的領導者視爲幹部的榜樣，認爲這樣才不官僚主義，才算聯繫群眾。

但現在看來，這種管理方式是錯誤的，尤其是在競爭激烈的市場，經理人要面對傳承企業基業的責任，因此他職責之一就是會用人，並且能打造出一支戰鬥力極強的團隊和培養能力超群的接班人，以保持企業的持續發展。

在歐洲，關於公司所有權和企業家精神的傳統遠比美國更爲久遠。大多數企業家都認爲，應該建立一個能延續幾代的企業。一些由創始家族控制至少達 200 年的公司還成立了一個社團——雷絲・漢科恩斯，社團會員經常聚在一起商討各種戰略，甚至還讓自己的孩子到其他家族的公司中去工作，以學習自己家族公司以外的工作經驗。在世界 500 強的大公司中，很多的 CEO 們也是在剛剛上任不久就要做一個詳細的接班人計畫，以保證企業中最高職位的傳承。

可見，企業接班人是要有意識的去培養！

作爲企業的 CEO，在選擇企業接班人時，一定要符合企業的實際要求，否則接班人選擇不利會給企業造成巨大的損失。

職業經理人的「出局」，事實上，這不僅僅是存在於企業的現象，在市場經濟發達的歐美國家，經理人「出局」的現象也同樣屢見不鮮：僅在 2002 年，據統計，平均每天就有兩個 CEO 落馬。安然的雷肯、安達信的貝拉迪諾、世通的伯納・愛伯斯、凱馬特的查理斯・康納威、泰科國際的柯茲洛斯基、菲亞特的坎塔雷拉、維旺迪的梅西耶、德國電訊的佐默、貝塔斯曼的湯瑪斯・米德爾霍夫、麥當勞的傑克・格林伯格……可以說，這些 CEO 卻也紛紛「中箭落馬」。

其實，造成這些現象的主要原因就是接班人並不是真正符

合企業的實際要求。不過，有時候，老闆對經理人提出的要求也會過高，這是他的本能，隨時換人並不奇怪，不變的永遠是老闆。美國通用電器公司前 CEO 韋爾奇，被認爲是「經營之神」，但是，韋爾奇自己曾說過，通用公司有耐心，幸虧他是在通用公司，要是在別的公司，他早就被炒掉了。

仔細研究國內成功企業的職業經理人制度，可以發現，怎樣使用職業經理人，不同的老闆和企業有不同的做法，但這些老闆又都是成功的，其中有一個共同的原因就是在選擇企業接班人時要根據企業的實際要求。

摩托羅拉公司在選擇接班人的時候，往往先從公司內部選起。他們認爲，自己公司內部的人對企業文化的理解相對來說比較深刻，而且對企業內部戰略的把握可能更準確一些，自己的人才不用，對內部員工的進取心是一個打擊。

◎防止危機，提前下手

或許人們對愛立信（中國）總裁和麥當勞全球 CEO 的突然辭世等事件仍記憶猶新。當一個企業的員工離職率高，重要中高層管理人才意外離職或被解僱，或者重要中高層管理人才突然逝世，它便遭遇了人力資源危機。

人力資源危機在企業面臨的眾多危機中可以說是高居榜首。企業如何應對人力資源危機，已經成爲一個重要的管理話題。企業也不例外，當前企業的人力資源危機主要表現爲普通員工的頻繁跳槽和中高層管理人員的非正常離職。

員工爲什麼會跳槽？恐怕最直接、最主要的原因就是：個人發展空間小、福利待遇低、想體驗新的生活。所以，企業既需要完善與員工利益直接相關的薪酬體系，更需要創建良好的企業文化。只有當員工的自身經濟價值和社會價值都達到最大合理化之後，人才才能真正穩定下來，企業的人力資源危機才能真正得到解決。

一個運作正常的企業，如果中高層管理人員意外離職，有時會給這個企業帶來巨大的損失，因爲他們熟悉本企業的運作模式、擁有較爲固定的客戶群，若離職後投奔到競爭對手公司，勢必會給原企業的經營和發展帶來較大的衝擊。因此，企業應該在平時注重高層管理人員接班人的培養，一旦出現重要管理人員意外離職情況，可由「接班人」直接接任其工作，對企業的正常運轉不會造成過大影響；或者使用合理的內部競聘制度，選出新的管理者。

但是，能做到平時就注重接班人培養的企業並不多，很多企業對重要的高層管理人員意外離職重視不夠，以至於出現高層管理人員意外離職情況時，不得不由上級領導指定臨時接班人。

一個優秀的公司會有一套完善的、系統的接班人計畫。就像通用電氣公司一樣，傑克・韋爾奇在 1981 年就任公司 CEO，1994 年，在他事業巔峰的時刻便開始與董事會一道著手遴選接班人的工作。

2

把握企業未來發展的關鍵

2001 年，9 月 11 日美國紐約雙子大廈隆然倒下，在這空前的災難中有很多企業精英魂歸九泉，這對企業來說是非常不幸的。卓越的領導人是企業持續發展的關鍵人物，而這類型的專業領導人並不局限於企業高層，而是遍佈在組織的各個階層當中。同時，企業也漸漸地發展成爲「領導力量」的組織。所謂的「領導力量」泛指企業內部的各個階層優秀領導人，而這些領導人也會積極地培養新一代領導人，以便將優良的企業文化加以傳承。

每個企業在不同的時期都有不同的任務，甚至可以說，在不同的時期都會有不同的問題。所以，選擇企業接班人要從企業的實際出發，認清企業未來發展的關鍵，從而選擇接班人。

◎環境「打造」接班人

世界上任何事物都存在著生命週期。比如人、植物和動物，都會生老病死，企業也不例外。企業生命週期不是具體的事物，它只是一種規律，一種看不見摸不著，並且人力不可抗拒的迴

圈力量。它如同一雙無形的巨手，始終左右著企業發展的軌跡。

總體而言，企業的興旺和衰弱都是由企業的生命週期來控制的。但是企業的生命週期其實與企業發展的環境有很大的關係。所以說，企業選擇接班人也要根據企業面臨的發展環境以及下一步的戰略來確立。

◎危難之際的通用汽車

有著悠久歷史的美國通用汽車，自從 20 世紀 20 年代以來，一直處於世界領先的地位。半個多世紀，任何一個國家的汽車製造業都不敢向這個美國汽車巨頭挑釁。但是到了 20 世紀中期這種情況卻改變了。

第二次世界大戰之後，由於美國人生活水準提高，對汽車需求的急劇增長造成了新車的短缺，這一情況一直延續到 1953 年朝鮮戰爭結束，賣方市場才轉變到買方市場。20 世紀 50 年代，來自歐洲和日本的汽車製造商競爭越來越激烈，結果使美國汽車在世界市場上的佔有率從 1955 年的 72%降到 1970 年的 36%。再加上 70 年代，世界汽油短缺，特別是 1979 年以來油價猛增，而通用汽車公司的產品大都是費油和利潤較高、價格昂貴的大型車，結果通用汽車公司的利潤在 1979 年比 1978 年減少了 17%，1980 年第一季度的利潤額比 1979 年同期又下降了 88%，第二季度出現了 4.12 億美元的虧損，1980 年全年虧損了 7.7 億美元。這是通用汽車自 1921 年以來近 60 年期間第一次出現全年虧損的局面。

除了客觀的外部原因外，通用汽車公司的衰落還有其深刻的內在根源。此時的通用汽車，機制開始出現僵化，最高領導層不思進取，對於日本汽車業的競爭，麻木不仁，產品結構與市場脫節。

這個時候，通用汽車選擇了羅傑・史密斯作爲公司未來的領導人，授命於危難之際的他，承擔起了挽救汽車王國的艱巨任務。

羅傑・史密斯出生在美國一個銀行家和實業家家庭，這個家族有著特權和教養，他的父親曾經營過銀行，在經濟大蕭條的時期中衰落了。羅傑・史密斯五歲的時候，他的父親關閉了家庭銀行，遷到了密西根州，並在那當了一家小公司的副董事長，擁有部分股份。後來，他還籌建了名叫做阿加洛埃金屬管道公司，羅傑・史密斯經常去那做些管理的工作，這個家庭深受著資本主義和企業家精神潛移默化的影響。父親強烈的商業意識和聰穎的創造才能，深深的吸引了史密斯，並激勵著他。

長期良好的家庭教育，培養了羅傑・史密斯自力更生的能力和一種積極向上的冒險精神。毅力和決心是他的特性，這些都爲他以後事業的發展奠定了堅實的基礎。大學畢業以後，羅傑・史密斯首先在通用汽車公司做會計。竭盡全力的工作深得上司的讚賞。後來，又以智慧和魅力，逐漸躋身於通用汽車公司的上層機構，到 20 世紀 70 年代，一躍出任公司主管財務的副總裁。

羅傑・史密斯上任伊始就開始進行一項破除官僚組織與改革勞資結合的計畫，稱爲土星計畫。爲此，羅傑・史密斯力排

眾議，和本田開始合作。因爲他認爲，「和本田的合作，至少可以讓通用獲得最新汽車技術和管理方法的第一手資料」。羅傑·史密斯還破除了官僚化且無效率的層級組織，改變了工序控制，實行生產設備在科技上的高度整合。在勞資結構的改革上，羅傑·史密斯要求勞資雙方一起工作，共同決策，盈虧均沾，資方不得任意遣散勞工，勞工不得動輒威脅罷工。

另外，爲加強通用公司的競爭能力，羅傑·史密斯投資幾十億美元成立了一家全新的汽車製造公司——農神公司。投產後的農神公司，每年可生產 40 萬至 50 萬輛小汽車，其車型、成本、品質等方面，都可以與日本一爭高下。這些改革創新使通用汽車公司脫胎換骨，終於扭轉乾坤，擺脫了瀕臨破產的局面，走上了快速發展的道路。

可以說，通用汽車公司能夠起死回生，關鍵在於羅傑·史密斯接任了公司董事長一職，並實施了一系列成績顯著的改革措施。這樣的例子在世界著名企業中並不少見，比如同樣是臨危授命的 IBM 前總裁郭士納和雀巢公司前總裁莫徹爾，他們都在關鍵的時刻挽救了企業。

所以，在選擇接班人時，企業要注意分析自身的環境，然後根據環境來選擇合適的接班人，這一點尤爲重要。

3

英代爾公司的崛起

在一個偶然的機會剛剛畢業的葛洛夫帶著熱情和想幹一番事業的信心走進了費爾柴爾德公司。一段時間以後，也就是在1968年，葛洛夫同積體電路的共同發明人戈登・摩爾和諾伊斯一道脫離費爾柴爾德公司，另起爐灶，組建了英代爾公司。由於當時半導體科技快速發展，剛剛創立的英代爾的目標就是製造可以在電腦內部執行記憶體功能的晶體，即記憶體。事實上，從某個角度看，記憶體也的確是英代爾生存的憑藉。最初的努力沒有白費，英代爾率先製造出世界上第一片具備記憶體功能的記憶體。

1975年，摩爾成爲公司總裁兼CEO；1979年擔任公司主席兼CEO，葛洛夫任公司總裁；1987年，摩爾把CEO的擔子給了葛洛夫，兩年後，摩爾從英代爾公司主席職位上光榮退休。

葛洛夫繼任後，在全體員工的共同努力下，英代爾已經是年營業額超過10億美元的國際性半導體大企業了，由於當時英代爾在記憶體市場上佔有絕對優勢，就這樣，英代爾成了記憶體的代名詞。伴隨著企業的巨大成功，葛洛夫也在一時間成爲美國商界最受矚目的風雲人物之一，被公認爲真正在實幹中脫

穎而出的偉大管理大師。

然而，好景不長，那時的英代爾公司還比較弱小，就像幾天沒吃過東西的老虎，雖然有龐大的身體，但不具有威懾力。就在這個時候，真可謂天意弄人，就在英代爾公司成立的 17 年後，日本眾多大公司為了搞垮資訊業界的知名企業，強強聯手密集的「轟炸」般地搞起了低價傾銷。在日本資金雄厚的大電子公司的衝擊下，英代爾的主要業務 D-RAM 由於產品品質低、成本高，在市場上節節敗退，市場佔有率不斷下降，英代爾公司就這樣被日本廠商以「永遠低 10%」的銷售策略逼上了絕路，幾乎走到死亡的邊緣。

1985 年英代爾公司終於扛不住了，連續 6 個月出現虧損，業界都在懷疑英代爾是否能生存下去。其實當時，英代爾公司的記憶體「戰線」雖然處境艱難，奄奄一息，但整體的運營還算是不錯的，特別是微處理器方面。

為使英代爾公司立於不敗之地，葛洛夫果斷調整了經營策略。他要使這個昔日的晶片巨人不再僅僅扮演一個配件供應商的角色，而要讓英代爾公司成為整個電腦世界的夢幻領袖。

從這時起，葛洛夫宣佈：英代爾公司將自己創造需求！他解釋說:「如果電腦不能用來做更多的事，以後幾年我們生產的晶片將無人問津。因此，我們得自己『創造』用戶來使用我們的微處理器。依靠我們的辛勤努力，我們要促成市場需求的增長，這樣我們才能賺錢。這一點已銘刻在我們每一個人心靈深處。」英代爾公司轉型的成功也是葛洛夫個人的成功。雖然他是 1968 年創建英代爾公司的三個核心成員之一，但葛洛夫從來

沒把自己看做是英代爾的創建者。正是有了葛洛夫這位得力經營者的鼎力支持，摩爾等人的成功才被人們讚譽爲魔幻般的傳奇。

1990 年，葛洛夫開始推動英代爾公司由電腦行業的追隨者轉變成領導者。1993 年，英代爾公司開始生產主板，這激起了康柏和其他向英代爾公司訂購晶片的 PC 廠商的憤怒，但他們卻無力阻止這個巨人的腳步。英代爾公司又進入網路業，開始生產網卡，兩天時間內就使這一領域的老大 3COM 公司的市場價值跌去 20 億美元。

英代爾公司的長期戰略是，把更多的圖像和多媒體應用植入 PC 機中，使其處理器忙起來。「幾年後，每一台電腦都將是多媒體化和網路化的，」葛洛夫宣稱，「沒有這些東西的電腦就好像沒有內存的電腦一樣毫無意義。」爲此，葛洛夫在俄勒岡州的希爾斯伯羅建立了英代爾體系結構實驗室，這個實驗室從事培育大市場的工作，其項目包括生產更快的在網路上傳遞圖像的軟體、開發 Internet 電話以及 Internet 可視電話等。

爲了使英代爾公司保持永續的發展動力，葛洛夫的思維一刻也不敢停歇，他絞盡腦汁想把 PC 機變成人們生活中最離不開的家用電器。葛洛夫的夢想是：我們每一個人都能用 PC 機看電視，在互聯網上玩大型複雜的遊戲，用電腦編輯、保存家人的照片，管理家電以及通過視頻與家人、朋友、同事保持經常聯繫。葛洛夫知道，自己的夢想一旦成真，英代爾公司的未來會充滿更大的希望。

爲此，他大量增加推動市場發展的計畫預算。英代爾公司的市場投入從 1990 年的零開始，到了 1996 年已高達 5 億多美元。英代爾是惟一能承擔這筆費用的廠家，因爲它的利潤收入比世界前 10 位 PC 機製造商的利潤總和還要高。

美國《商業週刊》在 1995 年曾經這樣評價葛洛夫：「在過去 5 年中，葛洛夫重新定義了英代爾公司，使之從製造商轉變爲業界領袖。」葛洛夫接替摩爾的職位後，帶領英代爾公司平安度過了多次磨難。他說：「在這個行業裏，要想預見今後 10 年會發生什麼，就要回顧過去 10 年中發生的事情。」10 年的 CEO 生涯，葛洛夫把英代爾變成了世界上最有技術創新能力的公司乙在英代爾公司快速的發展過程中，他給英代爾打上了自己不可磨滅的印跡，使英代爾公司從一個晶片製造商轉變爲業界領袖。從 1987 年葛洛夫上任以來，英代爾公司每年給投資者的回報率平均都在 44%以上。

4

通用公司接班人的秘密

美國通用電氣公司(GE)具有 100 多年的歷史，一直沒有老化和衰敗。其秘密就在於總經理選總經理。1973 年通用電氣公司的總經理兼董事長鐘斯走馬上任時 56 歲，離 65 歲退休還有 9 午時間，但出於責任心，第二年他就開始選擇接班人。他運

用科學的列表法自己絕密地考察了 5 個總經理候選人，這 5 個人都是在公司人事經理和幕僚提交的一份 96 名候選人中篩選出來的。

鐘斯挑選總經理的第一原則即不選和自己作風、風格相同的人，這樣才能保持公司在競爭中求生存和發展，不然，總選一種類型的人，選自己的複製品或翻版，企業就老化了。第二原則是年齡、素質不論資排輩，他在 96 名候選人中挑選了 18 人，鐘斯驚訝地發現，他最欣賞的一位很有才華、有潛力的人選，不在總部工作，而是長駐外地的 39 歲的傑克榜上無名，他問負責人事的主管，人事主管告訴他，傑克太年輕，不符合通用電氣公司總經理年齡，必須 50 歲以上的傳統模式，而且在中層幹部中不是那麼聽話。鐘斯不同意這種觀點，立即把傑克的名字寫上，最後再次篩選名單爲 11 人。以後又經過幾年的嚴格考察、考核和反覆調查，5 年後鐘斯正式向董事會主管人事的 5 位董事推薦正副總經理候選人，並強調指出：「雖然傑克最年輕，作風也與眾不同，但他能力超群，足以勝任總經理新職務。」又用 15 個月的時間，董事會所有成員對正副總經理候選人進行了接觸、瞭解，在鐘斯退休前兩年，1980 年 12 月董事會正式任命傑克・韋爾奇爲總經理，當時他 45 歲，成爲美國通用電氣公司百年史上最年輕的總經理。由於傑克的勇於創新，敢於開拓，最終使美國通用電氣公司立於新的不敗之地。

1993 年《財經》雜誌發佈全球 500 家大企業，通用電氣公司名列前茅，資產超過 2000 萬美元，營業額 620 億美元，年盈利 50 億美元，成爲世界四人企業之一。

5

做一個詳細的接班人計畫

卓越的領導人是企業持續發展的關鍵人物，而這類型的專業領導人並不局限於企業高層，他們遍佈在組織的各個層級當中，同時，這樣的企業也漸漸地發展成爲具有「領導力量」的組織。這裏所謂的「領導力量」泛指企業內部的各個階層皆有優秀領導人，而這些領導人也會積極地培養新一代領導人，以便將優良的企業文化加以傳承。

因此，我們這裏要打破傳統的觀念，將企業的接班人計畫不僅局限於高層主管，而是盡可能的遍及組織各個層級。

一個企業要想獲得成功，除了有完善的策略規劃之外，更需要有優秀的「人才」。但往往「人」的因素卻是最變化多端且難以預測，由於各種原因，一旦苦心栽培的領導人無法繼續領導該企業時，企業就需要隨時有備用的接班人來繼續完成其後續計畫。

◎必須做的三件事

當今世界，全球化的競爭日趨激烈，企業對其各階層的人

員需求不斷增加，尤其對專業人才的管理能力及人際關係能力越來越重視，許多企業強化了接班人制度。在 20 世紀 80 年代之前，企業管理層比較穩定，如果總經理突然發生事故，即可由副總經理接任，但現今環境變遷快速，副總經理並非完全能勝任總經理的職務，再加上企業要面臨重組、簡化、併購、經理人離職或退休，甚至各種意外事件，公司更需要有適當的接班人來擔任特定職位。所以，公司在規劃接班人計畫時，必須做好下面三件事：

其一，確定繼任者的領導風格，並且這種風格要符合公司企業文化。

作爲公司的員工，只要跨入這個公司，就表明每個人都是符合公司組織文化的。而對於公司而言，在培育或是找尋相關的接班人時，首先依然要多方面觀察或瞭解該候選人是不是符合企業的組織文化，常常有這樣的情況：一位在這個企業做得很好的領導人到了另一家企業就成績平平，甚至沒多久就離職了。這種情況絕大多數都是企業文化的差異所造成的。

所以，企業有必要通過觀察候選人平日的行爲及其工作成績，來瞭解候選人的行爲、態度、意願及動機、理念、價值觀，以便將來接任該職位時，能夠有一致性的認同。

其二，確認繼任者的知識、技術和能力是否夠資格。

對於繼任者的選擇，除了由企業人力資源部門安排一整套合適的培訓考核之外，其所屬的主管也必須留意繼任者的知識、技術和能力是否與未來工作相適應，而且還要根據不同候選人的性格特點制定行動方案，並且隨時檢查學習進度，詳細

地討論計畫是否修改或是否需要相關資料及工具。

其三，儘量擴大人才數據庫。

企業在選擇繼任者時，要盡可能的擴大候選人的來源，若是組織內部缺乏相關人員或是數量不足，人力資源部門將要對外部實施招募遴選規劃與任用安排。當然，在人員的挑選上，除了不只是單純的挑選相同領域的人之外，也可以考慮不同領域的人員，另外輪調也是可行的方式之一。

◎殼牌的人才選拔

荷蘭皇家殼牌集團是全球最大的能源公司之一。在《財富》雜誌 2004 年評選的世界 500 強公司中，殼牌集團排名第 4 位。殼牌的業務遍佈全球 145 個國家，僱員人數達 11.5 萬人。殼牌曾多次被車輛駕駛者評爲最佳品牌。

一個企業要想壯大與發展，就必須不停地補充新的血液，新血液的最大來源就是招聘新人，作爲一個世界級的大企業，殼牌集團在構建人才庫上採取了三種方式：其一，與各大高校合作，建立人才培訓基地；其二，與各獵頭公司合作，保證優秀人才的來源；其三，公司自己招聘，建立人才數據庫。

在建立企業人才庫時，殼牌集團還明確了四類人才是企業所需要的：企業家型的人才、職業經理人、專業技術人員，包括工程技術人員、管理人員、執行人員；最後一類人員是最基層的、最具體的操作人員，包括輔助人員、工人等。

當然，並不是所有的人都能進入殼牌集團的人才數據庫，

殼牌在選擇員工時有一定的標準。

首先，殼牌集團的員工應該是一個有能力工作，並且能夠完成工作任務的人，這是最基本的一個前提。所以，你一旦成爲殼牌集團員工，從第一天起就必須開始真正地工作、承擔責任和執行任務。而不是像很多公司那樣前三年都是輪崗鍛鍊學習。當然殼牌集團不會把新進入公司的你放在那裏不管，而是隨時觀測你的工作表現，並及時給予建議和輔導，在必要的時候進行適時培訓，使你從思想和技術方面完全武裝好，做好自己的工作，並順利進入到下一個臺階。

其次，殼牌集團的員工其價值現要與公司價值觀保持一致。對公司的經營準則要認同，對安全、環境、健康等方面的要求要有足夠的關注，並且身體力行。還有很重要的一點，就是如果你是殼牌集團的新員工，在觀念上，你一定要不停地去學習新的東西。因爲這個世界變化太快，殼牌集團對員工的要求也在不斷地變化和增長，如果你停止學習，可能就會落伍。所以殼牌要求員工在觀念上一定要不停地堅持學習。

另外，殼牌集團招聘人才所關注的不僅僅是某一個工作，因爲殼牌集團希望每一位員工都確確實實是有發展前途的，並且能夠實現這個事業目標。殼牌集團希望員工有能力從現在的位置做起，並且一步一步地向更高、更寬的方向發展，做到經理甚至董事的位置。在殼牌集團，有一套完善的機制支持員工實現這些願望。公司會爲員工提供這個平臺，員工的經理和公司高級主管會提出相關的建議，人事部門會制定一些政策，鼓勵、幫助並支持員工的個人事業追求。從個人角度來說，員工自己首先要有願望和主動性。殼牌集團在網上有一個內部的公開招聘系統，公佈集團內部的所有空缺，只要員工認爲自己有時間和精力，每個人都可以去應聘、競爭。這需要員工有很大的主動性和勇氣，敢於去嘗試，豐富自己的知識和閱歷，獲得自己的事業機會。

◎詳細的計畫和流程

準確來講，接班人計畫屬於公司人力資源管理的一個方面，只不過這種人力資源比較特殊，目標對象是企業未來的管理層，這直接關係到企業未來的生存和發展。所以，人力資源部門在擬定計劃時，首先必須配合公司發展的需要及組織策略的需求。接班人計畫一般都是提前擬定的，因此必須思考到企業 3~5 年後的整體人力概況，以及整個行業的發展態勢。

詳細的接班人計畫是有一定步驟的，具體應該包括以下幾個方面：

(1)確定企業組織結構及各項職位間的關係。這是制定接班人計畫的基礎，通常在企業中，這一步是原本就存在的，而這裏之所以把它列爲其中一步，就是因爲我們這裏所講的接班人計畫不是傳統意義上的高層(比如 CEO、董事長)交接班，而是所有管理層的領導延續。所以，它是人力資源管理的一部分，必須以企業的組織結構及各個部門的最高職位爲基礎。

(2)確立職位模式及評估指標。這一步是評判接班人是否稱職的依據。

⑶搜集資料，即對每個職位候選人的性格特點、工作表現、升遷異動等詳細資料進行搜集。

⑷根據搜集的資料，對候選人進行評估。

在制定公司的接班人計畫之後，人力資源部門的人員可以借著整合接班人計畫來與整個人力資源系統相聯結。我們一再強調，接班人計畫是人力資源部門的責任，這還體現在：一個完整的接班人計畫必須配合企業的人力資源體系來運作，其使用的方法如下：

①重新審視公司人力資源的整體流程，包括員工招聘、員工培訓、績效管理、薪酬福利等，看是否符合接班人計畫的需要，如果有不足之處應該要立即全面的檢討。

員工招聘，人力資源部門除了要建立以職能爲基礎的員工招聘的運作方式，來找到企業需要及合適的人才，還要分析並獲取如何對優秀人才進行管理的資訊。

員工培訓，人力資源部門除了重新規範以職能爲基礎的培訓需求外，還必須建立明確的員工職業發展路徑，讓企業的每位員工都能清楚自己未來在企業中的發展及前景。

績效管理，人力資源部門除了要建立公平及公正的績效評估制度之外，相關主管還要配合個人發展方向及改善不足之處來提出回饋。

薪酬福利，人力資源部門除了要建立有效確保及留住企業未來接班人的薪酬福利制度外，還必須在長期的獎酬及員工激勵方面超越競爭對手，以防優秀人才的流失。

②確認一些部門經理人員是否有私心，是否長期保留和發

展具有潛力員工。這一點很重要，許多經理人的態度非常保守，對於有潛力、有才幹的員工不提拔，甚至壓制，最終造成接班人計畫失敗。所以人力資源部門的人員必須配合績效評估，或是在制定接班人計畫時與經理人會談，盡可能的將優秀的員工納入未來接班人的培訓、考核計畫之內。

③找出在人力資源系統運作中，影響接班人計畫的不利因素，並且努力的消除這些不利因素。

◎要提早考慮接班人

美國摩托羅拉電子有限公司創立於 1928 年，最早生產整流器和車載收音機，在 20 世紀 40~50 年代不斷發展壯大。到了 60 年代，公司開始拓展海外市場，逐漸成爲全球性公司。目前，摩托羅拉已經是提供集成通信解決方案和嵌入式電子解決方案的全球領導者。摩托羅拉不愧爲世界頂尖企業，公司接班人計畫與人力資源管理緊密結合起來，使得公司在培養繼任者的同時，也提高了員工的素質。

1. 公司採取的措施

摩托羅拉的接班人計畫，首先從員工的職業生涯規劃開始。員工的職業規劃和發展，與公司的業務發展密切掛鈎，兩者做到有機協調地向前推進。在摩托羅拉，針對員工的發展，公司會積極主動的配合，以使每位員工的職業規劃和發展機制都順利實現。這樣，員工的職業得到了良好的發展，公司的人才資源得到了很好利用。

像接班人計畫一樣，在摩托羅拉，員工的職業規劃與發展，被納入公司的業務長遠規劃中考慮。也就是，公司爲了指導自身的長期發展，制定了業務長遠規劃，其中包括業務的長遠發展目標以及實現目標所需要的戰略等。爲了支持公司戰略的實施，設計了相應的組織結構，制定了相應的人員需求計畫，其中決定了需要多少和那些類別的人員，需要多少年的工作經驗，職位有多複雜，有多大的職責。在此基礎上，形成相應員工數量的年度財務預算。公司設計的組織結構如果提供了職業發展機會，公司就會首先考慮給予內部員工，而且還可以考慮從外部招聘人員加盟公司。在這個過程中，員工的能力充分得到了鍛鍊，爲以後成爲部門領導的繼任者打下了基礎。

摩托羅拉每年舉行一次組織發展和管理評審會，對員工的職業規劃和發展進行動態管理，這是公司在以後對繼任者候選人進行評估的重要依據。在評審會上，公司的每一個事業單位會對各自的長遠業務計畫和組織結構進行審查和評估，其中包括目前的組織結構狀況、未來組織結構的狀況、是否需要部門增加(或減少)部門等等。與此同時，也要瞭解上一年的發展遇到了什麼樣的問題，比如：培訓機會的多少、發展機會的多少、是否有不斷的工作輪換，內部的導師制執行過程中，各個導師對新員工進行幫助的成效如何？同時，還要考慮如何才能實現今年的組織發展目標，例如有沒有足夠的人員去填補組織空缺。

在評審會上，如果組織結構發生了新的變化，那麼每個員工就有潛在機會開始崗位輪換，其中的關鍵就是接班人問題。摩托羅拉的接班人計畫做的很全面，每一個職位一般有三個接班人，第一個是直接接班的，第二個計畫在 3~5 年內接班，第三個要麼是少數民族，要麼是女性。之所以第三個接班人這樣規定，是因爲涉及摩托羅拉目前實施的員工多樣性發展計畫，也就是需要形鹹多民族、多種族和性別平衡的人員發展結構。摩托羅拉將所有的接班人，根據其工作表現和發展潛力進行排名，然後針對不同排名給予相應的培訓。

2. 員工採取的措施

對於摩托羅拉的員工而言，他們每人在每個季度都可以同各自的主管，就「你是否因性別和文化傳統等因素受到歧視？」「你在公司是否有明確的個人發展前途？」等問題進行溝通，或者是在公司的電腦系統上對這些問題進行回答。

同時，摩托羅拉的員工在每季度同主管進行績效評估的時候。也可以談到自己的職業發展機會。值得一提的是，每次績效評估的最終結果，都會包括員工及其主管達成共識的員工個人發展計畫的內容。這些資訊都會匯總上報，供公司對員工的職業規劃和發展進行必要的調整，這也給員工成爲某一職位的繼任者更大的機會。此外，員工還可以通過公司的內部職業機會系統，查詢各個部門的人員招聘資訊，一旦發現有新的機會，如果覺得自己也符合條件，那麼隨時可以提出申請，而且在申請的時候，不需要經過自己主管的同意。

6

企業帥印交接的三種模式

企業的權力交接大體有三種基本模式：子承父業（專指民營企業）、內部提升、外部進入（即「空降兵」）三種模式，雖然沒有絕對意義上的好壞之分，但是在具體的維度上還是可以有優劣之分。

◎子承父業模式

子承父業，或者擴大到有血緣關係的家族成員接班，有不少企業採用這種模式。

企業也有不少這種模式。沃爾瑪不就是子承父業嗎？現在似乎對子承父業的模式有更多的批評，往往把這種模式與落後的制度劃等號。但是，沃爾瑪不是有很先進的企業制度嗎？萬向集團的企業制度能說是落後嗎？他們不都是子承父業嗎？有人在家族企業落後的強大輿論面前，爲了給家族企業保留一塊生存空間，把家族所有和家族管理分開，認爲前者不落後，後者落後。其實大可不必。我們在談論企業制度的時候，標準只能定在是否有利於企業的發展。現在中外企業中大量的家族所

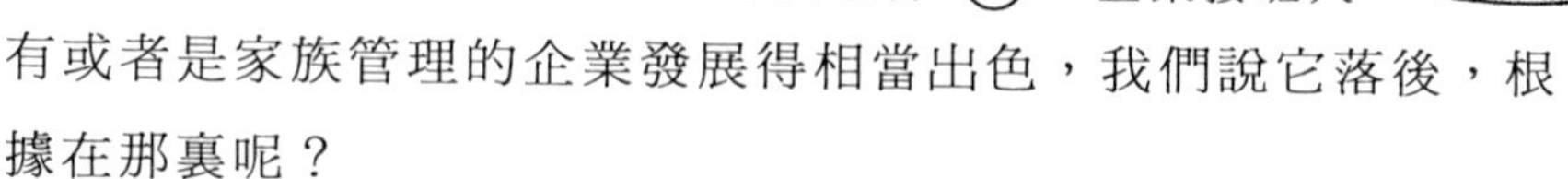

有或者是家族管理的企業發展得相當出色，我們說它落後，根據在那裏呢？

子承父業模式，在繼任者的忠誠度方面，一般都要優於其他模式。家族成員對企業的忠誠度比較高，降低了信用成本。企業一要穩定；二要發展，用家族成員解決穩定，用非家族成員解決發展。

但在繼任者的能力方面，子承父業一般劣於其他模式。因爲，家族成員畢竟圈子小，選人的範圍比較窄。當然，有些家族中有優秀的成員，完全可以勝任領導企業的職責，但是畢竟是少數。

◎內部提升模式

內部提升是比較普遍的交接班模式。就忠誠度識別而言，此模式要優於「空降兵」模式。在企業內有一定時間的經歷後，繼任者德行有比較多的流露，會給考察者更多觀察的機會。就能力識別而言，此模式也要優於「空降兵」模式。

內部繼任者，對企業的戰略路線、核心能力、管理方式以及文化形態，有較強烈的認識和把握，不至於交接後，發生過於強烈的交接震盪。一個組織都有自己只可意會不可言傳的潛規則和潛文化，作爲外人是不容易看明白或一時不容易看明白，內部繼任者這方面的優勢是明顯的。

正因爲有以上諸多優質，內部提升的模式較爲普遍。柯林斯在《基業長青》中對這種模式也有較多的褒揚。柯林斯研究

的優秀公司歷史上大多數時期都是從內部選拔繼任者。但是，我們並不能得出這種模式最優的結論。從理論上說，內部提升模式人選的範圍較窄，儘管比子承父業寬，但與空降兵模式相比，大大不如。

內部提升還有一個十分明顯的劣勢就是：內部複雜的人脈關係和習慣勢力帶來的桎梏，常常使內部的繼任者難以施展拳腳，發起大的改革運動。當然，也不乏像韋爾奇這樣出類拔萃的內部繼任者，但是，我們也看到像 IBM 的郭士納和 HP 的菲奧裏納因其「空降兵」的身份而帶來不少便利。

◎「空降兵」模式

「空降兵」模式選人的範圍大，理論上說這種模式的選人範圍有無限廣闊的空間，比較容易滿足繼任者的能力要求。尤其是企業進行非線型的發展階段，企業需要進入不同行業，需要變革原有的運作模式，「空降兵」模式的優越性就大大突顯出來。正是此模式有這方面的優勢，應了不少企業迅速做大做強的慾望。所以，「空降兵」模式成爲近年來比較走紅的模式，業界時髦的說法是「聘請職業經理人」。「空降兵」模式還有一大優勢是與企業內部人脈關係簡單，習慣勢力的桎梏比較少，如果有企業創始人或精神領袖的大力支持，確實利於施展拳腳。

「空降兵」模式的劣勢主要發生在繼任者的忠誠度和能力維度上。「空降兵」既無血緣的聯繫，又無長期共事的瞭解，對人品行的瞭解確實帶有相當的困難。能力本該是此模式的強項，但能力其實要分兩個層面來說，從一般性的能力而言，此模式當然爲優秀。但是，能力還有更爲具體的層面，即與企業的適配度。「滿意爲標，適可爲準」。這些「空降兵」大都有規範的國際大公司的運作經驗，但如何把一個公司帶到這個層次上去，需要的不是一般的本事，造車和開車需要的能力大不一樣。這兩年，成批的「空降兵」鎩羽而歸，大都是折在此。

◎何必非此即彼

從企業發展的縱向歷程看，在不同階段可能需要不同的交接模式。

創業階段如發生必要的交接問題，民營企業可能大多會選擇子承父業的模式。

如果企業的發展是線型的，企業又有比較健全的繼任者計畫，內部提升的模式可能較「空降兵」模式爲優。內部提升可能會大大降低選拔成本而提高選人的準確性。

但是一個企業發展需要非線型的、超常規的變革，且內部又沒有健全的繼任者計畫，人選範圍過窄帶來的弊端會十分突出，企業往往會轉向「空降兵」的模式。在企業發展多元化運作、跳躍式變革的階段，「空降兵」模式不妨是一個不錯的選擇；不少企業似乎比較鍾情於「空降兵」模式，這與我們的企業處於起飛階段、非線型特徵比較明顯、普遍缺少健全的繼任者計畫有很大關係。

從企業的內部結構看，在不同的層面上，三種模式是可以

同時並存的。同一個管理團隊中，有內部提升，有「空降兵」，也可以有子承父業者。我們可能在中低層崗位，不時有「空降兵」出現，在高層崗位則更多地用內部提拔的模式。因爲，一種非此即彼的模式，難以克服單一模式固有的缺陷，多種模式相容，才有可能彌補各自的短處。經驗豐富的領導者，總是會比較策略地靈活運用三種模式，在選用一種主導模式時，會作出巧妙的制度安排，從而讓相關模式作爲輔助模式發揮作用。

7

如何防止企業「接班人危機」

企業在創業初期，離不開英雄。一個英雄式的創業人物必須具備大膽、敏感、有魄力、人際資源閱歷豐富等素質，尋找到商機，創造出非凡的業績。但如果企業要持續發展、基業長青的話，過分依賴領袖人物的作用就很危險。

企業經過了創業階段，發展到一定規模之後，企業的制度和文化更重要了。而且優秀的創業者在成功之後，應培養自己的接班人，這是他們的職責。

◎從現在開始，培養企業接班人

你是否曾思考過如何培養下一代企業領導接班人？

培養企業接班人是一個重要的想法，是組織成就的一種衡量方式。

1. 尋找領導力

如何將你的經理人培養成爲一位領導人？一個有效的模式是領導力「發展途徑」。這個模式建議，某些特定的方式是可以成功培養出優秀的領導的，即經理人的能力與其所要面對的挑戰相平衡。

適當的平衡，會創造一個令人振奮和有回饋的環境，在這個環境中的經理人將樂於承擔新的責任、快速發展。

相反，當經理人所面對的挑戰超越了他們的能力時，他們常常會感到壓力沉重，導致產生挫折感，並且會使個人和組織遭到失敗。伴隨的併發症狀是感到無聊。

當經理人的能力超出了他們現在所面對的挑戰難度時，往往會變得萎靡不振，毫無生氣，最後帶著挫敗感離開這個組織。而「壓力和無聊」這項成本的比重是很大的。

領導力不是只在組織的高層才尋得著的，這項素質需要遍佈到整個組織。當我們的組織各個階層都擁有具備領導才能的人時，他們才會變得更富有彈性，靈活變通，及更具有創新能力，有能力去面對及承擔更多樣化的挑戰。

2. 在接班人的旅途上給予支持

把經理人領到接班人發展途徑上，並在這旅途上給予他們支持，注入一系列相關的倡議顯得至關重要。因爲領導力發展途徑以及接班人的培養絕對不只是與個人相聯繫，而關聯著整個組織。經理人創造了組織，組織亦創造了經理人。

測評機制：許多組織利用測評程序來協助鑒定和瞭解經理人的能力及可以提升的領域。這可以配合發展標準，通過以此讓他們的能力得到客觀標準的對照。

職務說明書：清楚闡明的職務說明書，理想上是由經理人來準備的，使相關的責任和期望都可以有清晰的理解。

企劃：創造一個具有詳細規定的清晰企劃，包括清楚的責任，此企劃的實行要符合經理人的能力，並能找到評估的機會。

發展計畫：記載著一系列培訓和經歷的學習合約表格記錄，這將可以提高經理人的能力。

評估：定期回顧經理人按照個人和組織的目標去實現的成果。

將這些逐步地應用於整個組織，帶動經理人邁向領導力發展途徑。

3. 打造一個全新的文化

一旦當你開始踏上領導力發展途徑，培養接班人的時候，你需要爲組織打造一個全新的文化，包括創造一定程度的信心和支持。

美國領導管理研究中心的創辦人保羅・麥爾先生建議，一個學習型組織應具備三大自由：表達不同意見的自由，犯錯誤

的自由及投資時間學習的自由。

表達不同意見的自由是以找出解決方法為導向的討論與發現過程。組織的問題是策略和常規所無法徹底運作的，具有建設性的不同意見，能產生創意、進步與生產力。

害怕失敗是創新的一大抗化劑，犯錯誤的自由讓經理人勇於接受挑戰。當經理人朝向達成企業目標的方向前進而犯下無心的錯誤時，應該獲得政策的保護，讓他們從錯誤中獲得學習。

學習和發展需要時間和努力。投資時間學習的自由，鼓勵經理們發自內心的決定變得更有效率。提升領導力發展源於他們由此過程中背負起的責任。

8

企業接班人，培養或引進

◎自己培養的接班人，利益多多

1.由企業自己培養的接班人對企業忠誠度相對較高，接班後一般不會離開企業。畢竟，有一些優秀的候選者在企業發展階段中已經離開了企業。留下的，能夠成為接班人候選者的管理者，大部分是在企業工作了相當長一段時間，其忠誠度是較高的。一旦成為企業的負責人，長期幹下去的可能性非常大。

而一個引進的接班人，如果不能在企業紮下根，選擇離開的幾率較大。

2.內部接班人對行業和企業有深刻的理解和運作能力。現代市場競爭比較激烈，專業分工非常細緻。隔行如隔山，外行指揮內行還是有很大難度的。企業內部培養的接班人，一般都是從企業基層一步一步走上來的。他深諳行業運行之道，在行業內有足夠的資源。比如說，和供應商、客戶、金融機構都有密切的聯繫。因此，能夠調動資源，相對容易地帶領企業發展，塑造企業競爭力。而一個從其他行業來的 CEO，可能會做出違背行業規律的決策，給企業帶來損失。在美國，外聘 CEO 對企業進行的改革，失敗的案例不在少數。

3.內部接班人能夠保持企業戰略的連續性。很多 CEO 在退任之前，已經高瞻遠矚，制訂了企業的發展方向和目標，但由於健康、年齡等原因，不能繼續貫徹實施。他也非常希望下一繼任者能夠延續現有的路線，不要改變企業的發展方向。在這方面，內部培養的接班人更容易理解和執行前任者的意圖。而新來者可能會新官上任放三把火，把原有的發展計畫燒掉，另起爐灶。

4.內部接班人更容易在企業內部開展工作。內部接班人在企業內部有一定的威望，熟悉企業文化和內部規則。而引進的接班人也許能力比內部接班人更強，但他的行事作風存在著遭到企業內部抵抗的風險。眾所週知，通用電氣公司是培養美國大企業 CEO 的學校。然而，《財富》雜誌的一份研究表明，34位從通用電氣公司畢業的 CEO，半數人員並沒使企業發展得更

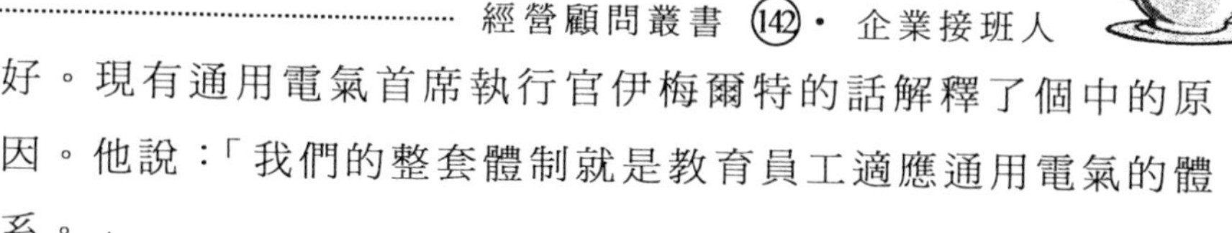

好。現有通用電氣首席執行官伊梅爾特的話解釋了個中的原因。他說:「我們的整套體制就是教育員工適應通用電氣的體系。」

◎引進接班人,精彩不斷

1.由外引進接班人掌控大型企業的綜合能力、經驗可能比內生接班人更強。

一般情況下,引進的接班人有過多年在大型企業擔任一把手的經驗,有些引進的接班人曾經有過非常輝煌的業績。

而內生的接班人可能是企業的第二甚至第幾負責人。位置不同,考慮問題的角度和綜合能力不一樣,這是內生接班人的弱項。

韓國三星公司爲培養內生接班人,就要求他們的高層管理者要經常和日本新力、東芝的總經理對話,甚至當面請教。他們認爲,即使是多看兩眼世界知名企業的負責人,也會提升管理者的素質。他們就是這樣讓內生接班人儘量提高素質的。

2.引進接班人可能會具備內生接班人所不具備的特殊能力。當企業發生重大變革時,比如說規模迅速擴大、運作方式發生變化、經營區域發生變化(區域公司成爲全國公司、全國公司成爲全球公司),企業就會對接班人的素質和能力有特殊要求。而這些要求可能是企業內生接班人所不具備的。

比如,一家處於關鍵發展階段的大型紡織企業的負責人,他是工程師出身,對生產製造、工藝標準非常熟悉,然而對於

資本運作、現代人力資源管理、網路行銷等領域卻知之甚少。該企業作爲一家傳統製造企業，也缺少這方面人才，這無疑將影響企業的發展。目前，很多大型企業都在逐步走向世界，實施全球化戰略。然而，不是所有企業家都有這個能力，在歐美市場上馳騁。因此，向全球招聘管理人員就勢在必行了。

3.如果需要時，引進接班人會更有力度來改組與再造企業。內在接班人在企業呆得時間久了，在頭腦中存在著大量的固有的觀念，有時反而看不到企業存在的問題，認識不到問題的嚴重性和緊迫性，或者說是雖然認識到，卻囿於面子不敢迅速行動。

引進接班人卻不是這樣，因爲董事會在注視他，要求他短期內完成一幅良好的答卷。他必須創新，必須開拓，在引進他自己的同時，就引進了新的觀念、作風和管理方式，給企業帶了新的營養，帶來新的氣象和改變。

◎孰是孰非，具體分析

由以上例子，不論是內生還是引進，都各有利弊。有大量的實例，能夠爲兩種觀點佐證。顯然，目前以內生爲主的觀念佔了上風。但還要是具體情況具體分析，不能絕對化。

在下列情況下，採取內生接班人的方式更好：

1.傳統型穩健性的企業：這種企業一般集中在製造業，行業發展速度遲緩、行業領先企業的市場佔有率比較穩定，「敬若神明」的外來者，也不大可能使企業發生多大的變化。

2.企業戰略比較明確時：企業發展方向與目標已定，內生的企業家可以按既定的方針駕馭大船即可。

3.企業已建立一套人才儲備、培養機制：企業的成功，很多都歸功於傑出的企業家。

4.然而，有相當一部分企業家，作風果斷，權力集中，甚至不允許有其他的意見。大樹底下不長草，優秀的企業家身邊特別缺少優秀的管理者。沒有配套的人才培養機制，企業也無法產生內生的接班人。

在下列情況下，引進接班人是個好的選擇：

1.經營活動發生巨大變化時：比如說，從一家地方性企業發展爲全國性企業，從一家全國性企業成爲一家國際化企業時。再者，從一家製造企業發展成爲商貿企業時，從一家傳統企業發展成爲高科技企業時，從專業公司發展成爲綜合性集團時。

出現行業整合時：由行業成功人士來出任企業領導者，在行業整合時，更有必要。

企業出現重大危機時：當企業內部束手無策時，就需要請來扭轉乾坤的英雄。

內生還是引進，主要考慮三大類因素：一是外部環境、市場狀況、技術發展、競爭態勢；二是考慮企業現實發展情況，如戰略制訂與實施、發展階段與方向、管理體制與機制；三是內生接班人與引進接班人比較。

無論是內生還是引進，有一點是相同的是，企業必須做好內部培養接班人的計畫和工作，儲備內部接班人。這將對企業

的發展產生巨大而深遠的影響。

9

如何啟動企業的接班人計畫

所謂接班人計畫，就是透過建立系統化、規範化的流程，來評估、培訓和發展組織內部有潛力的經理人，建立內部的優秀人才庫，以獲得目前和未來所需的核心能力。對企業而言，這個計畫能確保其隨時有一支優秀的後援團隊，確保管理階層的連續性，並縮短填補職位空缺的週期，不斷滿足將來的業務需要。

◎理清企業願景，確定核心能力

企業所需具備的核心能力應與其經營策略緊密相連，也就是說，企業的經營策略決定了它所需具備的核心能力。例如，一家以顧客滿意度爲導向的銀行，其核心能力當然是要從客戶的角度思考問題，充分瞭解他們的需求，並不斷根據客戶的需求變化來提供整體解決方案。但如果是一家以產品爲導向的銀行，其核心能力可能就更強調產品的創新、研發能力，以及產品領先上市的能力等。

而企業的核心能力只有轉化爲對內部各類職位和職位上的人員的要求，確保合適的人在合適的位置上，透過合適的能力做合適的事情，才能發揮最積極的作用。因此，只有當一個企業清楚認識到自身的使命與願景，並且對未來 3~5 年的策略方向、重點舉措與目標有了清晰的規劃後，才可能逐步思考後面的問題：需要具備怎樣的核心能力才能確保經營策略的實現？如何吸引和保留住那些具備職位能力的「核心人才」？因此，實施員工接班人計畫的第一步就是確定企業的願景，確定企業核心競爭優勢和關鍵成功因素，找出與競爭對手的差異之處。

◎找對接班職位，細分個人能力要求

企業的核心能力好比是一台強而有力的機器所爆發出的巨大能量，而這股能量是由多個部門的有效配合而積蓄出的力量，某些關鍵性的部門更具備不可忽視的作用。因此，我們要引發這股能量，保證整個「大機器」正常運行，必須要先找出關鍵性的部門，並要保持它們始終處於最佳工作狀態。

仔細思考一下內部那些職位是與企業的核心能力緊密相連，並對企業的未來發展與策略實現扮演舉足輕重的角色？這些職位通常就是企業要確定的「關鍵性要件」，也就是需要制定接班人計畫的職位。一般而言，這些職位在企業內均屬於中高管理層或專業技術職位。

當確定了關鍵職位清單後，企業就可以根據核心能力架構進一步定出每個職位的個人能力要求，包括管理能力、專業能

力與價值觀三方面，並進一步細分成對在職人員行爲指標的要求，以使他們清楚該如何應對本職的工作。

◎甄選接班候選人，建立人才儲備庫

在確定關鍵職位清單及在職人員能力要求後，企業就可以根據這些進行內部選才了。通常可以先要求內部中階管理層推薦其直屬的高潛質員工，並結合對其績效評估結果，最後確定進入公司人才庫的員工名單。而接班人的備選條件就產生在這個人才庫中。

在進一步甄選接班人評選條件時，應兼顧其原有職位和職業背景，儘量選擇具有相關經驗的員工。在挑選過程中，人力資源部門應與直屬部門管理階層進行深入討論，徵詢多方意見，包括候選人員目前的直接主管、再上一層的主管、客戶等，對候選人進行充分的評估，以清楚瞭解他的能力、行爲和業績，確定其發展潛力。此外，在挑選接班人時，還應關注他們的行爲是否符合公司整體文化的要求。根據以往的經驗，通常候選人數應是最終選定的接班者人數的 3 倍。

◎建立候選人檔案，制定培養計畫

在確定接班候選人後，企業必須爲他們建立相對應的個人檔案，以便有效跟蹤和監控其業績和能力的發展軌跡，並爲他們指派導師，透過一對一的制度，給予他們「有的放矢」的指導，借由與其交流思想、助其拓展能力、提供個人發展建議等方式，輔助他們成長。需要注意的是，在選取導師時，應避免指派候選人的上級，讓他們的職位職能儘量錯開，這樣才能開拓雙方的思維，促進無障礙的溝通和交流。此外，針對一些關鍵的接班候選人(對企業營運起關鍵性影響的職位)，透過人才評量中心的方式對其進行評估、回饋和培訓，也是企業可以考慮的方法。

「十年樹木，百年樹人」，從長遠來看，人才是企業得以持續發展的最寶貴財富。因此，企業必須未雨綢繆，在組織內部培養後備軍，隨時準備充實關鍵職位。唯有如此，才能讓企業保持持續發展的動力，永葆基業長青。

10

接班人計畫：成與敗的關鍵

對企業家來說，似乎總有一些相似的苦惱，接班人問題就是之一。

接班人的選擇既關乎財富的傳承，也關乎事業的延續。因爲賦予了多層使命，所以變得格外沉重。因此，我們常常看到企業家一面竭力回避接班人的敏感話題，一面又不得不殫精竭慮，晝思夜想將權力棒交接給誰。「被這個問題折磨得都快要發

瘋了！」不少企業家私下透露。

的確，無數因權力交接失誤而導致的慘烈悲劇，使企業家們沒有理由對這個問題掉以輕心。

王安電腦曾經是全球紅極一時的品牌，其創始人王安曾被列爲美國第五大富豪，成爲華人世界的奇跡。然而，他欽定的接班人最後成了公司的掘墓人，將自己一手締造的企業帝國在不到 6 年的時間就推到破產的地步，類似的「敗家子」現象，沉浮於商業江湖的企業家見得實在太多了。

在考慮選誰來做接班人之前，接班人在何處，以及怎樣找到接班人卻是繞不過去的問題。綜觀國內外，要麼內生，包括宗親接替、從優秀員工中培養提拔等；要麼引進，比如從外面聘請，或者由政府從別的地方調任等。

通用電氣、沃爾瑪、寶潔等世界卓越的企業一直秉持接班人內生的傳統，而諸如 IBM 等同樣卓越的企業則不會拒絕像郭士納那樣的優秀外援。

在接班人的問題上，可以說沒有絕對的模式，無論內生的接班人，還是從外部引進的接班人，都有可能使企業的巨艦平穩地航行，或起死回生，當然，也有可能觸向暗礁。

與「魚和熊掌不可兼得」不同，接班人內生抑或引進並非一個兩難選擇。從某種意義上來說，從內部選接班人可靠，還是從外部聘請高明穩妥，可能是一個僞命題。事實上，正如一位管理大師說的那樣：「選擇什麼樣的人不重要，重要的是用什麼樣的制度來選接班人。」

企業要想成爲「百年老店」，必須後繼有人，而且不僅僅是總裁的接班人，還需要一大批能征善戰的將帥。曾經轟轟烈烈的巨人集團，在極度擴張時，沒有人認爲它會轉瞬塌陷，也沒有料想到有朝一日，檣櫓灰飛煙滅，明星企業的隕落，可能有無數個因素，如戰略失誤、危機應對不力、資金鏈斷裂等等，但是有一條是不容置辯的，就是後備管理層的斷裂。與其說這些企業是敗在戰略、資金，或其他上，不如說是敗在缺乏卓有成效的管理者上。如「三株」，隨著區域市場遍地開花，無法源源不斷輸送管理人員，到後來只好將開貨車的司機派到「前線」做主管。就好比一個新兵，還沒有經過訓練就直接被推到戰場一樣，結果只會成爲炮灰。

管理者不是天生的，需要不斷地訓練。通用電氣等「百年老店」之所以基業常青，在於他們有一套完善的接班人培養計畫，不僅是培養總裁，也包括各個管理崗位。

育人制度的健全不但有賴於激勵機制，還表現在資金和預算的投入上。韋爾奇任通用電氣總裁以來，對公司進行大刀闊斧的改革。在改革的過程中，通用電氣幾乎對所有的部門削減成本，卻對它的領導培訓中心加大投資。通用電氣目前每年用於培訓的預算，不包括各業務單位自己的投入在內，是 10 億美元。這就是爲什麼通用電氣會生產出如此之多的人才。

企業似乎很少有重視接班人計畫的。不僅如此，大多數企業或企業家對接班人的理解還停留在望文生義的概念上，狹義地把接班人理解爲對一把手的接班。企業管理應是一個金字塔結構，只有從塔底到塔尖，每一層級都有勝任的管理者，企業才有可能從優秀到卓越。

把接班人計畫作爲一項持之以恆的長線作業，源源不斷地再造管理者，然後，從好中選優，優中選傑出，然後確定接班人，繼往開來。若能如此，對企業家們來說，遴選接班人的事，或許不會再有那麼令人苦惱了。

是否有完善的企業接班人計畫，是企業能否香火延續的命門，成與敗的關鍵。

11

CEO 要提早找好接班人

擁有一名能幹的首席執行官對企業發展至關重要，但如果 CEO 任職期滿仍不願放棄手中的權力，就會給企業帶來麻煩。

◎選擇合適的接班人

福斯（VW）汽車的股東就面臨這樣一個棘手的問題。10 多年前，斐迪南・皮耶希挽救了風雨飄搖的福斯（VW）汽車。在很多人眼中，他是一個大英雄。然而，當皮耶希從 CEO 的位子上退下來之後，麻煩出現了，他任命了被寶馬辭退的畢睿德擔任公司 CEO，自己升任董事長，繼續在幕後把持著公司的大權。

皮耶希固執地拒絕對公司產品結構進行改變，不願意改善與投資者的關係。在皮耶希的陰影下，新任 CEO 幾乎什麼也不能做，因為「改變就意味著暗示皮耶希做錯了」。福斯（VW）汽車業績不佳，美國《華爾街日報》評論稱：要改變這種局面，必須讓這位老英雄離開。

皮耶希的做法也不難理解，對於某些成功的 CEO 來說，職業輝煌幾乎成為他們全部的生命意義。柯達公司的創始者喬治•伊士曼伊在暮年用自殺結束了自己的生命，他留在桌子上的字條寫著：「我的工作已經完成，他日何待？」也正因如此，如何處理好企業領導人權力的更替，成為各個大企業面對的難題。美國光輝國際獵頭公司的國際部經理查克•金說：「選擇合適的接班人，已成為僅次於企業如何發展的重要話題。」

◎最後一分鐘才想起選接班人

2005 年 4 月，麥當勞董事長兼 CEO 吉姆•坎塔盧波死於心臟病，麥當勞的市值霎時損失了 8.5 億美元；媒體報導吉列公司 CEO 可能會離開吉列前往可口可樂就職，吉列市值下降 15 億美元，而可口可樂則上升了 25 億美元。看看這些數據，就會知道順利進行權力交接，對於一家大企業有多麼重要。

對董事會來說，提前準備好一份接班人名單有助於解決這個問題，但很多大企業，直到最後一分鐘才想到需要選接班人。波音公司 CEO 康迪特離職時才發現，由於沒有事先安排好接班人計畫，不得不把已經退休的前總裁斯通塞弗找回來，重新主管波音的業務。

松南菲爾德認爲，企業的創立者往往表現出極其強烈的君主或將軍傾向，他們最討厭聽到「退休」這個字眼，在選拔接班人問題上也多採取不合作的態度。松南菲爾德提出了一個建議：董事會每6個月會問現任CEO一個敏感的問題：

「天有不測風雲，如果有一天閣下出了車禍，公司該怎麼辦？」

這就提醒現任行政總裁，你不可能工作到100歲，你總要有個應急的交代。如果沒有接班人的話，比如可以向董事會提交一份接班人名單，用密封信封保存。萬一某天出了事故，董事局可打開信封，依「錦囊妙計」行事。

◎接班人要有名單

一個普遍存在的現象是，在接班人選擇問題上，企業領導人會傾向於用「欽點」的方式指定接班人。這樣做的好處在於：CEO最容易在部屬中發現品德好、有能力的人，可以有意識地讓候選人到各部門去鍛鍊，積累工作經驗，這些欽點的愛將，多能遵循前任的意志把事業繼承下來。但風險也不小：如果領導人看走了眼，選中了只會溜鬚拍馬的庸才，錯把「敗家子」當成接班人，這家企業的前程也就危機四伏了。

曾任麥德尼克醫學工程公司CEO的喬治認爲，董事會不應當接受CEO欽點的唯一接班人，必須從多名候選人中進行比較，優中擇優，這對僱員、股東和公司發展都有利。通用電氣

的韋爾奇在這方面就處理得很好，他向董事會推薦了 24 名候選人，3 人進入了最終的候選名單。經過 6 年零 5 個月的考驗，伊梅爾特接過了韋爾奇的權杖。幾年下來，分析人士稱讚：「事實證明，這傢伙幹得不錯！」

12

CEO 接班人計畫操作流程

CEO 的繼任對於一個公司來說可能顯得尤爲重要，國際上比較成熟的企業在確定 CEO 接班人時，都有其非常規範的操作流程，說明如下：

1. 由董事會負責對企業下一任 CEO 進行任命

由於產權明晰化，因而能夠真正從企業長遠利益去考慮企業接班人問題，因此董事會將對下一任 CEO 的任命擁有決定權。其一般做法是在董事會裏成立一個小組，成員不宜超過 5 人，其職責是評價企業高層管理班子及其領導開發工作。將現任 CEO 吸收入這一小組是十分必要的，但要保證他始終處於董事會監督之下。

2. 董事會要制定 CEO 職位選擇的詳細標準

董事會要做出企業今後 5~10 年內需要人才的選擇，就要

制定 3~5 個特定的標準，這些標準將勾勒出下一任 CEO 的特徵。例如，在一個重組特徵明顯的行業裏(如電信)，是否具有超凡的談判技藝的 CEO 相當關鍵。

3. 董事會對候選人進行選擇並做出決定

董事會要開列一個候選人名單，不僅包括內部候選人，還要有外部候選者，然後做出正確的決定。董事會可以通過對比、親自與候選人見面等方式，獲得最佳人選。

4. 董事會對候選人進行面談

選擇適當的 CEO 時，董事會至少要與候選人進行 4 個小時左右的交流，以做出較佳的決定。有時董事會不得不利用整個週末來考察候選人，一個一個地面談，然後集體做出抉擇。

5. 實行公開、公平競爭，確保選到最佳人選

比較成熟的企業的繼任 CEO 是在上任前數月前才做出選擇的，而且不將任何人排除在圈外，對所有的候選者實行公正、公開的競爭，就極可能找到最佳的候選人。

6. 候選人進行評估

對候選人進行全方位的評估，讓其提供具有深度的、獨立的評估運用數據對候選人進行全方位評估，並在交流與探討之中幫助董事會和現任 CEO 真正瞭解候選人，從而吸納聰慧的人才加入。

7. 不斷充實企業的人才庫

董事會要不斷充實企業的人才庫，選擇一位合適的 CEO 僅僅是其中的一小部分。CEO 的交接應在幾年前便開始籌畫，以保持企業人才庫的持續性。大多數成功的企業總是不斷地補充自己的基因庫，一是通過提升本企業管理人員；二是從企業外部聘任管理者。此外，董事會和現任 CEO 要保持連貫性的工作，確定企業的領導層。

13

接班人的運作方式

◎階段一：提名、確定高潛質候選人

企業的每一個主要組成部分(例如各個部門、業務單元等)都應根據工作績效和統一的遴選標準爲「人才加速儲備庫」舉薦人才。人才的選拔不分級別和資歷深淺，無論是主管、中層經理。或是高級經理都可以被提名。受挑選成員接受培養的時間 1~15 年不等，這取決於他們進入的時間和所需開發的能力。這種方法與那些只接受職業起步階段員工的「高潛質」培養計畫有很大差別。儲備系統充分考慮到，個人與企業的發展需求會隨著時間而不斷改變，因此系統提供了足夠的靈活性，以便能夠在員工職業生涯的任一階段及任何時間爲企業培養人才。一個由高層經理組成的管理委員會，我們稱之爲「高管資源委員會」(Executive Resource Board)，將負責根據遴選標準來評估候選人，並最終決定誰可以進入。該委員會應該包括首席執行官和／或首席運營官。

參與儲備人才的成員

儲備庫成員	爲某個特定管理層而被加速培養的員工
成員的主管	儲備庫成員彙報工作的對象。此主管可能位於企業內任一層級。主管的任務是建立一個培養人才的環境，爲員工提供指導、輔導、回饋和強化訓練。
成員的導師	與儲備庫成員的主管處在同一層級或者更高級別的管理者。導師的任務是提供指導、支援，以及企業和業務的深刻意見。
專業教練（又稱爲高管教練）	一對一輔導儲備庫成員的外部專業人士。教練幫助其客戶拓展自我意識，瞭解自己的發展需求。幫助儲備庫成員發展新的行爲或者人際交往技能，克服自身弱點，滿足能力需求，並根據預定的目標檢查成長進度。
高管資源委員（又稱爲人才評估委員會、人才委員會、高管繼任委員會、高管培養委員會或領導力團隊等）	組織內負責培養綜合管理人才的委員會。高管資源委員會的成員包括首席執行官和/或首席運營官，以及各個部門、或者戰略業務單元的領導，該委員會負責任命各個目標層級的職位。當企業內有不止一個儲備庫時，通常每個儲備庫都有一個自己的運營委員會，不同委員會的成員可能會有重疊。
高管資源委員會中的人力資源代表	企業裏負責系統運轉的人。人力資源代表的作用相當於催化劑和質控專家，同時也是整個系統各部分可靠的資訊來源。

選擇好候選人之後，要向每個受邀的員工解釋加入的利弊，然後由員工自行決定是否要加入。其中很重要的一點是，必須保證拒絕加入的員工不會受到懲戒。基於各種家庭因素和其他考慮(例如，可預見的風險)，候選人可能會認為，現在並不是加入一個高強度加速培養計畫的適當時機。這種情況當然是可以改變的，所以此時選擇放棄的員工也有機會在其他時機加入。

◎階段二：診斷發展機會

1. 用加速發展中心來評估優劣勢和發展需求

一旦新成員接受邀請加入，就要完成一個深度評估來確認自己的優勢和發展需求，這一評估是以企業未來成功所需領導力的四項特質來進行的：

⑴機構知識：我知道什麼

作為總經理，必須瞭解企業各個職能部門、流程、系統，以及產品、服務或技術。例如，研發過程如何運作，或者人力資源部門的職能等。

⑵工作歷練：我做了什麼

進入最高管理層的員工必須經歷過或者至少感受過各種情境，比如從頭到尾執行一項關鍵的職能任務，深入參與一次併購、戰略聯盟或是合作機會，推動一次全公司的變革，制定和執行縮減成本或控制存貨的計畫，與外面的公司談判，以及在壓力很大和拋頭露面的場合工作。

⑶能力：我能做什麼

行爲、知識、專業技能和激勵，這對於繼任高層管理職位非常重要。例如，變革領導能力、建立戰略方向的能力、創業精神以及對全球市場的敏銳意識。

⑷高管缺陷：我是誰

導致高管失敗的個性特徵，例如：

- 優柔寡斷
- 好辯
- 傲慢
- 愛出風頭（自我炒作）
- 逃避問題
- 行爲古怪
- 感覺遲鈍
- 衝動
- 追求完美（事必躬親）
- 不敢冒險
- 反覆無常

企業的高層經理根據組織的戰略方向和價值觀，在每一個方面挑選特定的領域來進行評估。可以採用加速發展中心（最新的評鑒中心）、多角度評估工具（360° 評鑒）、面談等多種方法來診斷候選人的發展需求。

2. 回饋評估結果，決定優先發展事項

由專業人士向每位儲備庫成員解釋診斷的結果，同時檢查那些影響到培養計畫的個人和留才需求。他們一同確定方法，幫助儲備庫成員充分發揮自己的優勢，並決定上述四個領域中各項發展需求的優先發展事項，製成「優先發展事項列表」。

◎階段三：制定培養方案

高管資源委員會或其代表對「優先發展事項列表」和診斷報告進行評估，以確認其涵蓋了各項發展需求，所選的優先項目與企業戰略方向相吻合。這種評估很重要，因爲儲備庫成員自己制定的優先次序是基於該員工對企業發展方向的推測，但實際上在最高管理者眼中企業卻很可能往另一個方向發展。企業新的發展方向很可能會改變任職資格、機構知識或工作歷練的相對重要性。

高管資源委員會批准之後，「優先發展事項列表」得到正式的認可，但這並不意味著它們不可改變。隨著時間的推移，通常會出現對發展需求的新看法，這些變化都應該反映到列表上。更重要的是，隨著成員不斷獲得經驗，他們的能力缺陷得到彌補，這也將理所當然地改變他們的發展需求。

◎階段四：高管資源委員會確定儲備庫成員的工作任務、特別培訓或者高管輔導，並監督整個過程的進展和完成情況

高管資源委員會負責把儲備庫成員安置在一定的環境中，讓他們體驗所需的工作歷練，獲得必需的機構知識，培養並且運用各項能力，以及彌補可能導致他們失敗的高管缺陷。實現這些目標的途徑包括一系列高衝擊力、目標明確的短期培訓項

目；還有短期學習經歷(例如，參加會議或是招待一個國外客戶代表團)；而最最重要的，是一系列有目的、可衡量的工作崗位或是特別任務，使儲備庫中的成員對結果承擔責任，並且從經歷中學有所得。工作崗位、特別任務及其他的長期任務是培養儲備庫成員最重要的因素，因爲它們可以同時滿足多個培養目標。成功的培養和工作的成功之間聯繫十分清楚，它們是同時完成的。

高管資源委員會同時也負責決定誰應該參加主要的培訓課程，如大學裏的培訓課程或是專門爲儲備庫成員開發的培訓項目(例如實踐學習)。實踐學習項目可以令儲備庫成員學會在團隊中工作，解決企業的主要問題，向高層管理者提出建議。以戰略爲導向的培訓項目，通常是針對儲備庫成員量身定做的。高管資源委員會還要決定是否爲某些儲備庫成員提供一對一的高管教練輔導。委員會根據「優先發展事項列表」，以及他們對儲備庫成員個人和留才需求的理解來做這些決策。

高管資源委員會和企業或業務部門的領導每年都至少碰頭兩次，評估主要的員工變動情況並討論人才的開發。委員會成員利用這個時間來評估儲備庫成員的進展，考慮如何加速對他們的培養。

高管資源委員會最終的目標是把準備好的人才任命到關鍵職位上，因此企業的需求必須與員工個人的需求達到平衡。既要考慮爲員工個人的發展需求提供特別的解決方案，同時也要考慮到業務的需要和相應的工作要求。對這些因素進行權衡，最終決定如何培養員工，什麼時候把他任命到關鍵職位上去。

這種權衡也經常要涉及那些可能被任命的非儲備庫成員。組織中的職位變化可能是橫向的，也可能是縱向的，委員會主要依靠委派特別任務的方法來儘量減少職位變動對儲備庫成員個人生活的負面影響。

◎階段五：根據診斷結果，確定現有或者新任務的培養目標

確定工作和培訓任務之後，高管資源委員會的代表將與每個儲備庫成員會談（面對面或是通過電話），以評估這些決策，並討論這些任務或者培訓如何與個人發展優先項目和興趣相適應。儲備庫成員借此瞭解他們要通過這些新任務培養什麼樣的能力，面對什麼樣的挑戰，及其對個人發展的價值，他們才會更充滿熱情地全身心投入以保證成功。

◎階段六：在主管和導師的協助下，儲備庫成員確定目標領域和發展戰略

儲備庫成員與他們現有職位上的主管（或是新任務中的上司）和導師會談，討論如何在完成工作任務的同時，培養高管資源委員會所建議的各項能力、機構知識和工作歷練。通常，有效地完成任務本身就是主要的培養目標。其他的培養目標總是與任務的成功緊密聯繫在一起。這種討論對於培養員工非常重要。主管和導師可以通過導向練習和培訓，爲自己的角色做好

準備。

在準備這些會談時，儲備庫成員應該完成每項待開發領域的「發展行動表」中的第一部分。該表格迫使儲備庫成員思考他們該如何完成既定目標(技能、行爲和知識)，如何在工作上運用這些新學會的能力，以及該怎樣衡量運用的效果(最好用工作績效來衡量)。在培訓項目之前先把運用目標確定下來，儲備庫成員就能在培訓中注重運用所培養的能力。他們也可以更好地接受老師講授的專門知識，更好地接受輔導，學習如何運用新的技能或知識。更重要的是，他們會把培訓項目看做工作的一部分，而不是額外的任務。

主管和導師可以通過討論各種問題和可能性來幫助儲備庫成員。更重要的是，這種會談可以幫助員工贏得主管和導師的認可和承諾，幫助儲備庫成員完成學習和運用技能的目標。

會談也讓儲備庫成員、主管和導師有機會發現「優先發展事項列表」上沒有列出的、而此項工作任務又能提供的學習領域。

制定培養規劃的會談，以及後續的一系列會談，可以讓主管和導師瞭解儲備庫成員的個人及留才的需求，並將其納入制定員工個人培養計畫的考慮範疇，並在合適的時候與高管資源委員會進行溝通。例如，某位儲備庫成員可能需要回到家鄉，因爲年邁的父母需要其贍養照顧。如果可能的話，主管可以通過在其家鄉附近委派任務來滿足這一需要。但是，只有高管資源委員會才有權將員工調動到他想去的地方。

「發展行動表」樣本

<table>
<tr><td colspan="2">姓名：　　　　　　　　上司：　　　　　　　　日期：</td></tr>
<tr><td colspan="2">第一部分：技能/知識/能力的培養目標</td></tr>
<tr><td colspan="2">目標：　　　　　　　　　　　　　　　　　　□優勢
□成長領域</td></tr>
<tr><td>團隊或企業回報：</td><td>個人回報：</td></tr>
<tr><td colspan="2">第二部分：技能/知識/能力的獲得（如有必要）</td></tr>
<tr><td colspan="2">獲得方法（例如培訓、觀察、輔導）：</td></tr>
<tr><td>會遇到什麼樣的障礙/挑戰？</td><td>可以提供何種支援/資源？</td></tr>
<tr><td>如何衡量成功？</td><td>在何時之前：</td></tr>
<tr><td colspan="2">第三部分：技能/知識/能力的應用</td></tr>
<tr><td colspan="2">應用機會：</td></tr>
<tr><td colspan="2">如何追蹤應用的進展（進展衡量）？</td></tr>
<tr><td>應用結果如何衡量？</td><td>在何時之前：</td></tr>
<tr><td>會遇到什麼樣的障礙/挑戰？</td><td>可以提供何種支援/資源？</td></tr>
</table>

續表

培養的成果（在總結第一次應用情況時填寫）
學習的成果（或者解釋爲什麼沒有獲得成果）（根據第二部分）：
應用的結果（或者解釋爲什麼沒有應用）（根據第三部分）：
從培養行動中獲得何種洞察力？
下一步如何運用所學技能/知識/能力？是否需要更多挑戰？
怎樣可以令你的培養過程更容易、收穫更多？
計畫外的發展
在培養此技能/知識/能力時，你還利用了那些計畫外的機會？
如何衡量成果？

◎階段七：確保發展計畫的執行

儲備庫成員要全權承擔完成並執行「發展行動表」的責任。導師和主管只是提供建議，隨時和員工溝通，並提供所需資源。

在完成一個培養項目(例如，作為工作任務的一部分，領導一個研發團隊)或是培訓計畫之後，儲備庫成員根據事先定義的目標來評估成功與否，與主管和導師一起評估自己的成就(或者缺失)，把他們的進步記錄在「發展行動表」的第二部分。正如我們所說的，這項工作通常在項目結束之後完成。但是，如果某個項目持續6個月甚至更長時間，則應該評估中間的進展，以使主管和導師在需要時提供幫助。

每個儲備庫成員都有一個職業發展檔案，其中包括「發展優先事項列表」、一張隨時更新的個人資訊表、已經完成的績效評估表、已經結束的及正在進行中的「發展行動表」。這個檔案存有所有的個人培養資訊。

在加入「人才加速儲備庫」時，成員同意向高管資源委員會公開他們的檔案內容。反過來，高管資源委員會也同意每6個月評估一次檔案記錄。如能把檔案放到公司局域網上，僅限當事人和高管資源委員會查閱，那麼這項任務就會相對容易些。

◎階段八：評估進展，設立新任務

高管資源委員至少每6個月一次會考慮是否應該重新安排

儲備庫成員的工作、派去接受特殊訓練、接受高管教練輔導，或是保留他們現在的任務繼續前進。決定之後，再和儲備庫成員共同討論這個計畫。

第三章

如何提名接班人

1

IBM 的「長板凳計畫」

接班人計畫是 IBM 完善的人力資源管理，即員工培訓體系中的一部分，它還有一個更形象的名字：「Bench(長板凳)計畫」。「Bench 計畫」一詞，最早起源於美國：在舉行棒球比賽時，棒球場旁邊往往放著一條長板凳，上面坐著很多替補球員。每當比賽要換人時，長板凳上的第一個人就上場，而長板凳上原來的第二個人則坐到第一個位置上去，剛剛換下來的人則坐到最後一個位置上去。這種現象與 IBM 的接班人計畫的情況非常相似，因此，IBM 的「Bench 計畫」由此得名。在 IBM「Bench 計畫」是所有的高級經理的一門必修課。

在 IBM 公司要求主管級以上員工將培養手下員工作爲自己業績的一部分。每個主管級以上員工在上任伊始，都有一個硬性目標，確定自己的位置在兩年內由誰接任，四年內誰來接，甚至你突然離開了，誰可以接替你，以此發掘出一批有才能的人。IBM 公司有意讓他們知道公司發現了他們並重視他們的價值，然後爲他們提供各種各樣的經歷，使他們有能力承擔更高的職責。

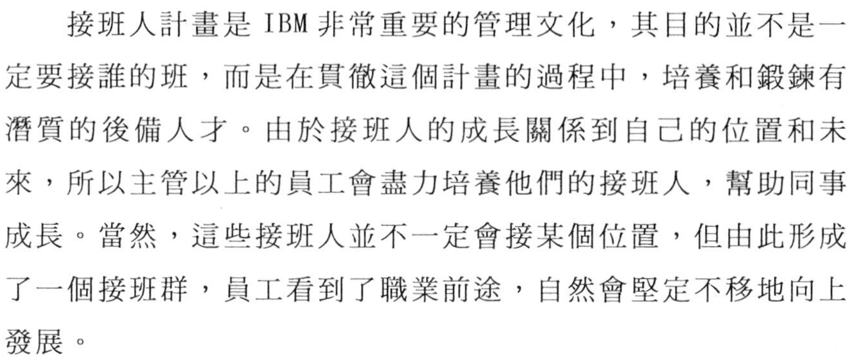

接班人計畫是 IBM 非常重要的管理文化，其目的並不是一定要接誰的班，而是在貫徹這個計畫的過程中，培養和鍛鍊有潛質的後備人才。由於接班人的成長關係到自己的位置和未來，所以主管以上的員工會盡力培養他們的接班人，幫助同事成長。當然，這些接班人並不一定會接某個位置，但由此形成了一個接班群，員工看到了職業前途，自然會堅定不移地向上發展。

◎優秀領導指標

早在 1995 年，IBM 就在專業諮詢公司的協助下，在公司內進行了一次全面的調查研究,認定了 11 項領導團隊應該具備的優秀素質。IBM 總結的這 11 項優秀素質包括 4 個方面：必勝的決心(包括行業洞察力、創新的思考和達到目標的堅持)、快速執行的能力(包括團隊領導、直言不諱、團隊精神和決斷力)、持續的動能(包括培養組織能力、領導力和工作奉獻度)以及核心特質(對業務的熱誠)。

這個領導力模型隨即成爲「接班人計畫」的重要指標。如今，作爲公司「接班人計畫」的一部分，IBM 每年依據這一模型對所有的管理人員進行評估。

在很多狀況下，這些接班人不是接原計劃的位置，而是有新的機會讓他去接，但此前通過培養鍛鍊，他的能力更強，素質更高，公司也可以不斷成長。接班人計畫的關鍵在於發現公司內部的「明日之星」，並有意識地培養他。

◎發掘「明日之星」

任何一個人如果選擇了 IBM 作爲他的職業生涯，公司會通過「新人→專業人員→領導人→新時代的開創者」的這種人才梯隊培養模式，讓新人變成專業人員，變成一個領導人，變成一個新時代的開創者。在這個過程中，IBM 會不斷發掘「明日之星」。

在 IBM，接班人計畫分爲界限清晰的兩個體系。相應的，培訓系統也逐漸一分爲二。新進入公司的員工都要參加集中的入職培訓，認識公司、瞭解規章制度並啓動個人職業規劃。從大學聘用來的新員工要學習三方面的知識技能，包括專業、財務、銷售等方面，整個入職培訓像「迷你 MBA」課程。

入職培訓一年以後，不論是業務代表還是行政職員都要參加專業學院的再教育，學習專業素質和技能。這個時候，公司就開始有意識地將員工歸類，分爲專業型人才和有管理潛質的人才，這也就是所謂的「兩個體系」。

參加過專業學院培訓的優秀員工，一旦被確定爲接班人計畫的「明日之星」，便會被安排參加新主管訓練課程，學做主管(如參與績效考核)，並開始經歷更多的磨煉。

儘管此後的培訓將分工明確，技術型人才和管理型人才也將分別走上技術領導和高級主管的不同方向，但 IBM 的資深人員都秉承一種觀念：專業和行政管理兩個序列都受尊重，由自

己慎重選擇。當自己覺得不喜歡或不適合做行政主管，隨時可以回到專業序列。

發掘「明日之星」是實施「長板凳計畫」的重要一環。IBM對於人才梯隊的培養可謂不遺餘力。

◎三種方式

在IBM公司的接班人計畫中，主要通過以下三種步驟來鍛鍊和培養未來的接班人：

(1)案例培訓。在IBM公司，接班人計畫中的「明日之星」將被強化進行領導力方面的培訓，因爲公司相信，領導力是可以通過後天培養的。所以培訓的方式也是多方面的，從電子學習到課堂教學、角色模擬演練、案例討論，再到工作討論、面對面溝通等等，每個公司的高級主管都必須親力親爲。

在系統的案例教學中，各個高級經理的實戰經驗將成爲「接班人計畫」的催化劑，許多學員爲此興奮，在培訓中常常有員工做案例做到淩晨三四點鐘，爲第二天早上8點的討論課積極準備。當課程結束時，學員們都會有親自實踐的機會並將成爲考核的記錄和評估學員成績的依據。

(2)實踐磨煉。IBM「接班人計畫」強調在實踐中成長，其中最日常化的是「良師益友」計畫，即公司裏的老員工幫帶新員工，傳承多年的工作經驗。

另外還有「特別助理」計畫。實踐鍛鍊還包括「外派到客戶」學習、崗位輪換等等方法。

⑶評委審定。「接班人計畫」的最後一關是接受由公司高級經理人組成的評委審定。評審委員會由技術、市場、銷售等方面的高層經理共同組成，「明日之星」只有在答辯完成、成績通過後才有資格做正式的高級專業人員或高級經理人。

根據多次擔任評委的介紹，答辯考核的業績包括兩個方面，一種是個人業績，另一種是幫助屬下成長的業績，比如說你帶過誰，他有什麼進步。

爲了保證「接班人計畫」的可持續推進，參加答辯者的上層經理也需接受 3 分鐘的答辯。評審委員會預先不設立通過比例，只要半數以上同意即可通過。整個答辯過程中，評委們隨機提問，能否通過完全看個人的歷練，而這本身就是一種歷練。

企業在談到接班人時，一般是指企業的「一把手」或者 CEO，而 IBM 的接班人計畫包括主管級以上的所有重要職位，選的是一個接班群。不僅如此，在計畫的具體內容上，國內的企業與 IBM 也有較大的差距。

IBM 接班人計畫的具體組織和實施由 IBM 的一個重要部門——人力資源部門來承擔。如今，在 IBM，人力資源管理的重要性被公司提到了前所未有的高度，其實質也早已從一個單純的基礎性後臺支撐系統——設計和計算工資、福利、獎勵和培訓的部門，升級成公司戰略發展和策略經營的專業角色。雖然國內企業也設立了人力資源部門，但其功能不過是一個後臺支撐系統。因此，在這方面，國內企業還應該積極像 IBM 公司學習。

2

確立職位模式

由於接班人是未來企業的領導者，所以在確認企業未來的策略與發展之後，企業的人力資源部門就要分析每個職位的工作特性，以及其現在的工作與未來工作的差異性。

一般來說，在這個階段，接班人不一定能達到公司要求接班人所具備的知識、技術與能力（即 KSA——Knowledge、Skill、Ability），當然期間還有可能會增加或刪除目前這個職位所需的 KSA，不過必須要採取整體性及系統的分析及歸納，其採用的工具可以借由工作盤點或是工作分析來實施。在完成 KSA 的分析之後，公司必須進一步的來建立整個公司現在與未來的職位模式。

從某種意義上來講，接班人計畫絕對不是企業單方面的事情，員工必須積極主動的配合，雙方共同努力才能達到最好的效果。

◎為員工做好職業定位

企業要想培養優秀的接班人，首先必須對接班人的職位有一個明確的職業定位，然後在根據這個定位去選擇、培養接班人。

一般來講，員工的職業定位可以分爲五種。它們分別是管理能力型、技術能力型、創造型、自主型和安全型。

管理能力型：這種員工突出的特點是具有管理能力，喜歡擔任純粹的管理工作，並且管理的權力和責任越大，對於他來說挑戰性就越強，他就更願意接受。管理能力型的員工晉升願望很強烈，雖然他現在可能只是一名技術人員或者是一名行銷人員，但是如果有機會讓他成爲公司的行政總監，他也十分樂意。

技術能力型：這種員工技術能力比較強，而且非常注意自己實用技術和專業技能的培養，不太喜歡全面的管理性工作。能夠在自己的技術領域中不斷有提高和創新就是他最大的追求。

創造型：這種員工的創造慾望特別強烈，比如有時他會根據自己的喜好開發一些小流程，然後寫上自己的大名，放在網站上供大家下載。他們認爲自己的興趣比公司佈置的工作任務更加重要。一旦有機會，這種員工更希望獨立創業。

自主型：這種員工喜歡按自己的方式來工作，那些晚上加班，早上睡覺的技術人員大多屬於自主型的員工。自主型員工顧名思義，他們往往都比較獨立，對於這種員工來講，公司應該多給予他們肯定和自由。而且這種員工非常在意別人對他們工作能力的評價，有時爲了體現自己的能力不惜加班加點地完

成工作。

安全型：這種員工喜歡職業的穩定和安全，對組織有很強的依賴性。這種類型的員工可能對你所指定的職業發展規劃不感興趣，因爲那樣要承擔非常大的風險。他們更樂意做相同的技術開發工作，或者對開發的產品進行技術維護。

雖然不同的員工有不同的職業定位，但是在現實環境中，出於工作的壓力和外界的因素，很多員工所選擇的職業道路並非他原本所希望的模式。比如對於安全型的員工來說，如果他選擇了安全和穩定，則意味著他創新能力比較差，有可能在未來的競爭中被淘汰。

企業在制定接班人計畫，或者幫助員工做職業生涯規劃時，可以根據不同類型的員工做出不同的安排。如管理能力型的員工，他們天生就是一個管理人才，所以一方面要對他們實施相關的培訓，挖掘其內在潛能；另一方面，更要對他們大膽提拔，充分利用。技術能力型人才雖然先天的管理能力稍差，但是可以通過公司的培訓，做一個技術部門的主管或者總監。而創造型的員工經過公司培訓後，可能更適合領導一個新成立的部門，或擔任項目主管等。由此看來，瞭解了職業定位的模式，對妥善處理職業管理及實施接班人計畫會有很大幫助。

當然，還有很多的員工對自己的職業定位並不是很清楚，這就是所謂的職位模糊。具體而言就是指個人所體驗到的工作角色定位的不確定，包括工作職責的不確定、工作目標的不確定等。因爲他們不清楚在實際問題出現時，應該怎麼做才是保持在他的職責範圍內，而沒有越權。這時，公司的相關部門或

者領導應該給予一定的幫助。

K 公司是國內的一家 IT 公司，經過幾年的發展算是小有規模。李密是這家公司客戶部的主管，任職有五年了。兩個月前，她被提升為客戶服務總監。但是，這並沒有給她帶來太多的喜悅。上任後，李密感到一切都無所適從，平時應該她處理的事務，現在也不知道還該不該做。李密原來只是客戶部的一個部門主管，現在的她升職為客戶服務總監，這個職位是公司新引進的，之前並沒有跟她溝通。她的直接上司就是客戶總監，所以有些事情不知道是由她來做，還是由客戶總監來做。正因為這樣，李密最近經常會造成在工作流程上的混亂，以至於影響到了下屬員工的工作效率。

可以說，李密的工作混亂與情緒波動、緊張有直接影響，這就是其職位模糊造成的。究其原因，主要有以下兩點：

其一，沒有讓員工瞭解職位本身。K 公司由於業務發展設立了客戶服務總監一職是情理之中的事。但是，公司在引進客戶服務總監時，並沒有提前與李密進行溝通，讓她瞭解增加職位的合理性，以表示對她的尊重。根據自己幾年來的工作表現與業績，李密已經制定了自己的一個職業發展計畫，而這突如而來的變化，不僅讓她從角色上無法適應，而且也是對她自信心的嚴重打擊。

其二，缺乏任職前的溝通。在上任的時候，公司沒有與原來的客戶總監，以及將任命的客戶服務總監——李密進行溝通，導致兩位高級管理人員在以後的工作分配中沒有進行明確的定位和分工，比如：那些工作李密應該向總監進行彙報，那些工作李密仍然保留決策的權利等，公司沒有提供一個必要的機會，使雙方都對自己的角色有一個清楚的認識並達成一致，這是一個重大的失誤。

其三，缺乏員工發展與培訓計畫。每個員工都期望在公司裏有發展的空間，能夠隨著公司的成長而成長。李密工作成績出色。而且親自將自己主管的客戶服務部門發展壯大，工作業績也普遍好於競爭對手，這些都說明她具備相當的能力與素質。然而，在公司她並沒有得到相應的培訓。

K 公司目前的現狀，很難說清到底是誰的責任。作爲李密，在公司服務的五年來，對自己的職業發展定位不夠明確，沒有注意加強自我學習與培訓。而人力資源部也有不可推卸的責任，既沒有關注員工的職業發展，也沒有建立一個開放的溝通系統，更值得反思！

當職位模糊發生時，員工的工作滿意度、工作熱情度及對組織的認同感都會降低，甚至出現組織渙散、工作效率低下等不利局面，造成企業的巨大損失。

要消除職位模糊的現象，對於企業而言，首先要爲員工提供一個爲之努力的方向，避免由於目標的不明確、不一致而導致人力資源使用的低效率，或因許可權不明、責任不清而在部門之間、員工之間造成摩擦和衝突而引起的人際內耗；對員工個人而言，應該明確自己的職業定位。瞭解自己在本職崗位上的職責要求、對下屬的領導角色及對上司的被領導角色。對自己和他人的角色要有準確的認識，並具備適應性、主動性。一旦出現角色上的變化，能夠迅速進行角色轉換以適應新的環

境，而且積極與相關領導溝通，這樣，就不會出現李密這種茫然的現象。

◎員工要為自己做好職業定位

關於職業定位的含義，有資深人力資源部主管曾這樣解釋到：職業定位一是確定你自己是誰，你適合做什麼工作；二是告訴別人你是誰，你擅長做什麼工作。

人的職業生涯是有限的，然而，在工作中，一些人往往忽略了自己的職業定位，在發展中帶有盲目性。早期，在職業市場不完善的情況下，機會很多，而現在職業市場已經逐步成熟，在機會越來越難抓的今天，爲自己進行職業定位，並找到正確的發展路線就刻不容緩了。

1. 進行職業定位的益處

對於員工來講，一個準確的職業定位能爲自己在職場的發展中帶來很多優勢，具體表現爲：

第一，準確的定位，可以是認識自身的優點，善用自己的資源。集中精力的發展，而不是「多元化發展」，是職業發展的一個規律，有些人多年來涉足很多領域，學習很多知識，但博而不專，雖然表面看起來無所不通，但其實每一項能力上都沒有很強的競爭力，外強中乾。

人們常說，「學 MBA 吧，大家都在學」，「出國吧，再不出國就來不及了」，「讀研究生和博士生吧，年齡大了就讀不動了」。可是現實生活中卻不盡人意，MBA、出國、研究生和博士生等眾

多高學歷其實與能力是不成正比的。投資很多，收益很少，精力過於分散反而會讓你失去原有的優勢。

第二，準確的定位，可以抵抗外界的干擾，不會輕言放棄。有的人選擇工作，用工資報酬作爲擇業準則，那裏錢多去那裏，對自己的職業定位沒有明確的認識和不能正確把握職業發展趨勢，一味盲從，最終只會一事無成。所以對自己有一個準確的職業定位，你就會理性地面對外界的誘惑。

第三，準確的定位，可以獲得更加長足的發展。很多人在事業上發展不順利不是因爲能力不夠，而是沒有認真地思考一下「我是誰」、「我適合做什麼」，從而選擇了並不適合自己的工作。因爲沒有準確的職業定位，不清楚自己要什麼，從而無法體會如願以償的感覺。有些人把時間精力用於追逐不是自己真正適合的工作上，但是隨著競爭的加劇會感覺後勁不足。準確的職業定位可以持久地發展自己。

第四，準確的定位，還能吸引合適用人單位的眼球，或使上司正確的培養自己，有利自己將來的發展。很多人在寫簡歷和麵試的時候，不能準確地推銷自己，使得面試官不能迅速地瞭解你，有的人在職業上搖擺不定，使得單位不敢委以重任；還有的人經常換工作，使得朋友們不敢積極相助。定位不準，就好像遊移的目標，讓人看不清真實的面目。

小張是一家大型企業的總裁助理，進入公司三年，工作表現十分出色，可以說得心應手，不僅得到上司的賞識，還得到了同事的好評。可以說，三年的工作一方面使小張有不少長進，但另一方面她也萌生了跳槽的想法。小張最初學的專業是金

融，隨著WTO的加入，現在金融領域在各種媒體上被描繪成一個香餑餑。小張也躍躍欲試，幾次想跳槽到金融領域。終於，經過朋友的推薦，小張沒費什麼力氣就進了一家聞名的金融公司做市場分析工作。但是，事非人願，小張工作了一段時間才瞭解到，她所在的金融公司，所做的市場分析工作，並不是以前所想像的那樣子，進一步上升的空間很有限。更讓她鬱悶的是，這份工作和自己的個性、興趣不完全一致，因此，她只好回頭重新尋求做總裁助理的工作。但是，機會又不等人，世界上沒有賣後悔藥的，所以只能耐心等待。

可以說，對小張而言，她是跟自己開了一個玩笑，跳槽出來一年，算是在原地轉了一個圈。究其原因，就是她沒有對自己進行很好的職業定位時，沒有充分瞭解到自己的興趣點，忽略了自身的優勢，導致跳槽失敗，沒有獲得更長足的發展。

2. 員工職業定位的四個步驟

員工如何才能爲自己進行正確的職業定位呢？職業定位原則主要根據個人的興趣、愛好、核心能力、對工作生活的看法、個人目標、市場狀況、切合實際等原則。定位是自我定位和社會定位兩者的統一，一個人只有在瞭解自己和瞭解職業的基礎上才能夠給自己做準確定位。準確的職業定位大致可分爲四個步驟：

第一步，要瞭解自己。這一點看起來簡單，但是常常被人們所忽視。在選擇職業時經常跟著感覺走，對自己的情況失去了理智的判斷。瞭解自己主要包括自己的核心競爭力、價值觀、個性特點、天賦能力、缺陷等。這是員工進行職業定位的前提。

第二步，要瞭解職業。瞭解職業也要像瞭解自己一樣，不能只憑感覺。一個人在選擇這個職業時，應該要詳細瞭解這個職業的工作內容、能力要求、技能要求、經驗要求、性格要求、工作環境、工作角色等。

第三步，在瞭解自己和瞭解職業的基礎上，仔細比較雙方要求的差距。也許你可能會有多種職業目標，但是每個目標帶給你的好處和弊端不同，所以，你需要根據自己的特點仔細地權衡選擇不同目標的利弊得失，還要根據自己的現實條件確定達到目標的方案。

第四步，要確定如何把自己的優勢展示給面試官和上司。確定了自己的職業取向和發展方向之後，你需要採用適合的方式傳達給面試官或者上司，以此獲得入門和發展的機會。

3

家庭企業怎樣培養接班人

◎家族企業的老問題

接班人難題一直困擾著家庭企業的領導者。隨著年齡的增長，他們正面臨同一個難題：企業如何繼續傳承？

麥肯錫一項關於家族企業的研究結果表明：只有 5%的家族

企業在三代以後還能夠繼續爲股東創造價值。家族企業創始人的開疆拓土通常都很成功，傳到第二代手裏時企業可能已是搖搖欲墜，等到了第三代手裏，結果大多可想而知。這種現象似乎應了一句老話：「富不過三代。」

企業風調雨順的時候，沒人在意接班人問題，但最近幾年來優秀企業掌門人接二連三忽然辭世的事實，終於刺痛了企業領袖們的神經。的確，再強大的家族企業也經不起這樣的折騰。

2004 年，均瑤集團董事長因常年辛勞患腸癌病逝，根據遺囑，二弟接任董事長。雖然生前已經有了培養接班人的想法，但由於事出突然，外界對其二弟普遍持懷疑態度，均瑤集團的發展已略顯疲態。

如果企業當家人能提前醞釀接班人計畫，那麼不管「意外」什麼時候來，都不會影響到企業的運行。

通用電氣人力資源經理說：「雖然通用電氣的企業性質和家族企業有所不同，但是優秀的企業管理者都有自己的接班人計畫。通用電氣之所以能夠持續多年高速增長，優秀的接班人計畫貢獻很大。」

◎家族企業接班的三種形式

1. 家族式繼承

在絕大多數地區，人們都認爲子承父業天經地義。除了子承父業外，弟承兄業、妻承夫業者也大有人在，譬如鄭夢憲去世後，他的遺孀玄貞恩接掌了現代集團。

一般來說，家族的接班人都不希望企業毀在自己手裏，而且他們大都較早地被安排從基層做起，熟悉業務，平穩過渡較易實現。

這種方式的好處是利於企業團結，較無爭議，缺點在於接班人的能力有待時間的考驗。

2. 起用老將

2004 年，美國吉列公司當家人考爾曼・莫克勒因心臟病突發辭世。作爲應變之舉，公司起用老將阿爾弗雷德・澤恩任接班人，因爲他在公司享有很高的威望並曾爲公司做過傑出貢獻。在他領導下，吉列公司保持了穩定的增長勢頭。

這種方式的好處之一是接任者業務熟練、上手很快；二是可以避免人事地震。缺點是容易引起其他元老級人物不滿，導致接班人難以開展工作，需要較長的磨合期。不過，這種能力優先的選擇標準值得讚賞。

3. 聘請職業經理人

當家族企業的第二代不具備出色的管理能力或對管理企業不感興趣時，找一個有能力的經理人來管理企業而自己只擔任公司董事，會是比較理想的選擇。

◎未雨綢繆，培養接班人

對家族企業來說，能將所有權與經營權分離，自然是比較理想的做法，由於職業經理人激勵與約束機制很難在短時間內建立：「很多家族企業的家長都不願意放手，他們不放心。究其

原因，我認為不是他們不願意，而是不敢。」

換言之，企業家只有提前制定接班人計畫，敢於及早放手，儘快培養下一代或者可以信賴的其他接班人，才能未雨綢繆，保持企業持續發展。

美歐等西方國家的企業繼承人輔導機制頗值得企業借鑒。許多家族企業往往為繼承人聘請一個由教師、律師、公關人員、公司元老組成的輔導團隊，協助培養企業繼承人。當意外發生時，繼承人在他們的輔佐下，自然不會亂了陣腳，從而降低了企業因領導突然更替而造成的經營風險。

第四章

接班人的特質

1

優秀接班人的特質

◎個性魅力

領導者的個性魅力其實是指一種所謂的領導氣質，或者有人稱之爲領袖氣質。

培養自己領袖氣質的行動可歸納爲：顯示你的專注；適當的衣著；理想遠大；對準目標，勇往直前；利用閒暇鍛鍊；建立神秘形象。

1. 目標專注引人敬重

假若你想被人認爲具有領袖氣質，你就應專注於你想完成的工作，也要能顯示出你對下屬員工的專注。

爲了顯示領導者對自己目標的專注，有很多切實可行的方法，諸如堅持對目標的追求、不管花費的時間多久、自我犧牲、願意冒險以及儘量使用本身資源等等。

喬伊•柯斯曼是一位美國億萬富翁。他出身貧寒，在第二次世界大戰後，柯斯曼白軍中退役，在匹茲堡找到一家出口公司做推銷工作。他不是大學畢業生，又沒有什麼專門技術，每週只能賺 35 美元的薪水。每晚在晚餐後，他就在廚房的桌子上寫信和全世界他所認識的人聯絡，因爲他急著想自己做生意。他發出了幾百封信，但是由於位址錯誤等原因，有不少投遞無門，這就耗盡了他所有的休閒時間。

有一天，他在《紐約時報》上看到一幅洗衣肥皂的廣告，這類的肥皂當時還很稀少，他以電話證實了這項廣告後，又開始對國外的客戶發信。

幾個星期以後，銀行通知他，有一封 18 萬美元的信用單給他。這表示只要他將肥皂運上船，這張信用單就可以兌現。信用單的有效期間只有 30 天，假若他在 30 天內不能裝上船，信用單就作廢。

柯斯曼聯繫的肥皂批發商告訴他在紐約可能有貨。他所要做的事只是到紐約去安排肥皂裝船事宜，當然還要處理一些財務上的問題。柯斯曼找到他出口公司的領導者，向他請幾個星期的假。但領導者不准。柯斯曼只得找到一些匹茲堡的朋友，問誰願意到紐約去辦這件事，就可得到這項交易的一半利潤。但是沒有一個人願意去。

柯斯曼最後無辦法可想，又再去找領導者，聲明假若不准他假的話，他只有辭職。領導者看他這樣專注，只有讓步。柯斯曼和妻子在銀行裏只存了 300 美元，但妻子也明瞭到他的專注，她對他有信心。他們取出這僅有的 300 美元，讓柯斯曼帶著上紐約去。

在住進旅館以後，柯斯曼又打電話給批發商。結果這位批發商的存貨不夠，不能滿足這批訂單。但柯斯曼仍然堅持不放棄。

他到圖書館查閱到了一份肥皂公司的名錄，回到旅館後，他又打電話聯繫業務，僅電話費就用了 800 美元，最後他找到一家在亞拉巴馬的肥皂公司有這種肥皂，但必須由他自己去亞拉巴馬提貨。

柯斯曼找遍了紐約所有的貨運公司，只找到了一家願以賒賬方式來爲他運輸 300 噸肥皂的公司。這時候他又有了另一件麻煩，30 天的期限已經浪費了很多，他是否還有時間把肥皂運到紐約上船？

但柯斯曼仍顯示出對目標的專注。那些借錢給他的人事後都說，在他身上似乎有著某種東西使他們信任他會成功，所以才願意將錢借給他。

他將肥皂運到紐約後，只剩下一天多的裝船時間。柯斯曼也親自動手幫忙裝船，他們整整工作了一夜，到第二天中午，事情非常明顯，他們在銀行關門以前無法上完貨。在銀行關門前的幾小時，柯斯曼只得離開裝貨碼頭，前去找輪船公司的總裁。

後來柯斯曼說：「當時我已經一星期沒洗澡，由於幫忙將肥皂裝船，整夜沒有睡。我滿臉鬍子，早飯錢還是向貨車司機借的。肥皂公司的人追著我要肥皂的貨款，貨車公司也在催討我欠他們的錢。旅館等著我要錢，但我還不知道我的下一步去處，甚至連我妻子也不知道我的下落。我的外表和我的感覺，仿佛我自己也需要一箱肥皂來清洗。」

就在這種情形下，他到船公司總裁辦公室，向他說出全部事情的經過。這位總裁注視著他說：「柯斯曼，事情已做到這種

程度，你不會失去這筆生意了。」

說著他交給柯斯曼裝貨單——雖然肥皂未裝完，這表示輪船公司願意負責，要是貨裝不夠，要由他賠償損失——並且派私人轎車將柯斯曼送到銀行去。

這項首次交易的成功，柯斯曼賺了 3 萬美元，這對一個週薪只有 35 美元的人來說，可說是相當好了。

柯斯曼爲什麼能成功地影響每個和他打交道的人？這是因爲他所表現出專注追求目標的熱忱。曾經接觸過他的人都視這爲一種領導氣質。

羅傑·艾利斯是一位高級傳播媒體諮詢顧問，他曾擔任過很多公司的總裁和政治競選活動的顧問。他曾如此說過：「領袖氣質的要素是能顯示你對一項理想或目標的專注。假若你想表現有領袖氣質，設法顯示出你的專注。」

只有遠大理想和目標仍然不夠。你必須實際向目標前進，不顧一切艱難險阻，不斷邁進。你得謹記，你是領導者，你不帶頭行動，別人也就不會行動，當你走向一個遠大的理想時，對你下屬員工造成的影響會是神奇的。支持你的人也會感到高興，他們會告訴別人：「你看，我早就對你說過了。」他們會支持你，但他們不見得會跟你一起走。他們會說：「我們早知道他會做的。」然後會來一批阻擋你理想的人。他們會說你的理想絕對達不到。他們不會當你的面說，只是在後面咕噥：「我們要跟著倒楣了。」

這時候，你的領袖氣質更爲重要。

向目標前進比設定目標要難。首先，你得有一個前進的計

畫，然後你還得設定一些中間目標。誰都不是一上來就建成羅馬，這是最終目標。在完成這項目標以前需要完成很多的中間目標。每一個遠大的目標一定會包括一系列的較小、較近視的中間目標，而每個小目標又包括了很多工，這些任務、目標必須先完成。

應讓下屬員工明白遠大的終極目標，讓他們知道前進的方法，然後讓他們知道中間目標，領導他們一個一個完成。要將任務分別賦予每個人，並且訂出你希望完成的限期，然後定期檢查工作成果。在走向終極目標的過程中，每項成功都應大肆表揚。當下屬員工遇到困難時，應協助解決，才不致影響整個工作的進行。絕不能在中途停下來。一旦訂好了目標，就應不斷向前邁進。最後，就像柯斯曼一樣，沒有人能抗拒你的魅力，而下屬員工就會信服你的領袖才能。

2. 理想遠大引導成功

你的成就不會比你所期望的更大。沒有人肯爲了微小的目標付出巨大的努力或是犧牲，任何時候他們都要完成這類的微小目標，用不著誰來領導。這類的目標即使完成，也沒有什麼意義，因爲它們不夠刺激，在完成時不會有成就感。但是，假若領導者能爲下屬員工指示出艱難的目標、偉大的任務和真正有價值的使命，他們會犧牲一切來協助你完成。

查理士・嘉菲德博士觀察飛機製造公司的作業情形，發現工程師、工作和生產人員在工作效率上突然大爲改進。這家公司當時正在爲阿波羅 11 號月球火箭生產元件。他說：「每個星期，我都聽到一些故事，人們工作水準升高到幾個月前連自己

也想像不到的程度。」

這種工作水準一直維持到登月任務準備工作完成。等到1969 年 7 月 20 日尼爾・阿姆斯壯和布茲・艾德林在月球上漫步以後，這家公司員工的工作水準又恢復到正常狀態。嘉菲德說：「他們是在到達頂峰後又回到地面上。」

其實，這家公司的高級領導者要是想讓員工保持工作效率的巔峰狀態，他們可以設定下一個遠大的目標。因爲只要你真正追求遠大的目標，沒有任何事是不可能的。

舒勒博士宣揚他所謂的「創意思考」。他強調你可以完成別人眼中認爲不可能的事。根據他說，唯一重要的是要找到合適的人來協助你。

人們會願意協助你完成看來不能完成的事。事實上，只要你的目標夠偉大，正如邱吉爾所要求的，人們會獻出他們的血汗和淚水。

只要你給下屬員工描繪遠大的希望，你的領袖氣質就永遠不會受到懷疑。

3. 形象神秘引人驚服

每當有某個人知道我們不懂的事情時，我們就會全心全意跟隨他，因爲他所具備的特殊氣質吸引了我們的忠心和熱忱。

你觀察過魔術嗎？這些魔術師能變走一頭龐然大象；將一個人裝入層層緊鎖的鐵箱，然後沉入水底，再將鐵箱拉起來，箱裏的人早就在別的地方出現；只用簡單的幾張撲克牌和幾枚硬幣，就會變得你眼花繚亂。魔術規模的大小並不重要，最重要的是能騙倒我們。大多數的魔術看起來都有種吸引人的魅

力，因爲我們無法瞭解他們是怎麼變出來的，這使他們充滿了神秘感。魔術師絕不會告訴你變魔術的技巧，因爲這樣會有損他們神秘的形象。

的確，我們知道自己正在受騙，但這沒有關係，魔術師知道如何做我們不會做的事——而且是帶著神秘和魅力的氣氛做。

建立神秘形象最基本之道，乃是絕不解釋我所做的某件事，讓人們對你以這樣少的時間能完成那許多的事驚服不已。他們會感到詫異嗎？讓他們去詫異吧。絕不要向他們解釋你已開了一個星期的夜車，你要做的只是微笑不語。假若有人驚奇爲什麼你突然瘦了 20 斤，別告訴他們你是在做運動或節食，所要做的仍然是微笑不語。你能在 3 日內擬出一項重要的行銷策略計畫？其實你只是將 5 年前早就擬好的那份拿出來，按照目前的市場狀況改寫一下。但別人問起來，你絕不要作解釋——仍然是微笑不語。

不過希望你不要將這種手段運用在其他事情上。必須讓下屬員工對狀況完全瞭解，並不斷提供給他們新的資訊。要下屬員工做什麼，領導者必須清楚地解釋，讓他們瞭解。但只要是有關你自己，你要像魔術師一樣，絕不要解釋你所做的事，你只要多用微笑，就能建立起神秘形象——另一種領導魅力。

◎形象魅力

領導具有良好的形象魅力，可以增強其感召力、向心力和凝聚力。反之，領導形象不佳，就會失去對下屬員工和群眾的一部分吸引力，並可能在一定程上降低領導魅力和領導效果的發揮。

領導形象包括體貌形象和精神形象。其中最直觀的就是體貌形象。

外表形象通常能反映人的身體狀況和心理狀況，這種自然的生理條件和身體素質，對於領導塑造自身完美的形象起著重要的輔助作用。由於人們傳統的社會心理認識，一般認爲，相貌端正表示其正派、可靠；氣色明美不僅令人愉悅，而且還反映了其內在的身心健康；聲音洪亮，柔和純淨，表明其富有自信心、充滿活力；體態穩重，優雅、端正，代表其正直、成熟、穩健、可靠和高素質；身材高大使人感到領導有魅力小巧端莊則給人以精幹機敏的感覺。相對而言，體重偏大必然笨拙遲鈍，讓人感到缺乏精力；體態臃腫、行動氣喘吁吁經常被認爲是「刮油水」、「腐敗」象徵；面容憔悴、「骨瘦如柴」者會使人擔心其疾病纏身，不堪重任，更不足以託付大事……這些體貌因素雖然是輔助性的，甚至有以人不可貌相而斥其爲微不足道，但在現實中，這些因素卻往往發揮著很大的作用，它不僅與直接塑造領導形象密切相關，還可能影響到領導效果。所以說，體貌具有某種社會價值的功能。

1. 衣著顯示魅力

俗話說，人靠衣服馬靠鞍。人的衣著得體、修飾恰到好處，自然就會給個人形象增添幾分色彩。大多數人都會有一兩種著裝特別適合自己，而且傾向於不到特殊場合便絕不如此地穿著。

作爲一個領導人，其著裝的另一個重點是整潔。整潔的著裝是理智和情感的外在體現，讓人從著裝看到了你的內在美。

一個著裝邋遢的人很難讓人想像他心中有多少秩序，也很難想像他能對別人有所尊重。衣著首先是對別人的尊重，也是對自己的尊重，領導人應當選擇適當的服飾來襯托自己穩健而有生機的領導氣質。從某種意義上講，一個連自己的形象都管理不好的領導，很難想像他會領導好一個織織。

2. 微笑強化領導魅力

「瞧，『苦瓜臉』又來了」當領導認真盡責，全力付出，可是他滿臉倦態，鮮有笑容，加上一向邋遢不整，走起路來垂頭喪氣的模樣，難怪大家會看不起他！

「做領導者何必做得那麼辛苦！」

一位領導者應該擁有的最基本魅力，就是展現生命的熱忱。換句話說，員工喜歡與歡暢快樂及精力充沛的領導者共事，而非與一個鬱鬱消沉、經常陷入失敗頹廢思想的領導者一同工作。

美國前總統雷根便深知其中奧秘：領導者必須傾注全力，演出一個最具「成功形象」的優秀領導者角色——把活潑、愉悅的微笑臉孔展現給大家，把積極、自信的堅毅精神散發出來。

當一個領導者，能以所向無敵的鬥志及歡欣的心情，來從事其「領導職務」時，無形中就會營造出單位良好的組織氣候，激發光明與積極的組織力量。

反之，當一個領導者終日愁眉苦臉、唉聲歎氣，抱怨領導難做，或是工作負荷過重，就會使整個單位陷入「低氣壓」中，

久而久之，甚至會被員工所鄙視。

沒有熱情就做不出任何偉大或新奇的事業。熱情似乎是一把快鋸，可以鋸斷巨大的樹幹。在所有的偉大成就中，似乎都需要有一點極端。

因此，身爲一個領導者，在帶領眾人之前，便需要先問自己：是否已準備好「最佳心理狀態」來執行領導職責。「人們只要決心使自己愉快，就應該沒有不愉快的。」林肯的這句話對於領導者而言，無疑是極大的鼓舞力量。

領導者需懂得隨時把自己的情緒和精神狀態調整好。不論在行政會議、專業研討、業務督導或平素閒聊，皆能以活躍的心志與動力，展現出對工作與生活的熱忱。

如此，領導者便能樹立起一個成功管理人的形象典範。

◎能力魅力

領導人的能力魅力顯示在其組織策劃、引導發揮、協調溝通和知識積澱等好多方面。一個優秀的領導人，其真正的魅力外在是親和力，而內在的，則是其組織、管理和知人善用的能力，這才是領導人真正的內在魅力。

1.表現別人，展示自我

讓別人發揮能力，便是展現個人「領導能力」的魅力。

許多領導者常說：「這些人真笨！真沒有辦法！」管理專家卻常提醒領導者：幸虧他們「笨」，否則您那有機會當領導。但是，有的管理專家更直接指出：「沒有不好的員工，只有不好的

領導。」

21 世紀的工作發展，強調人才搭配、互補的應用原則及個人成就需求的滿足。我們必須承認：每一個人在能力上都有不同地方。

身爲領導者須注意到每個員工的個別差異，讓員工的「特殊能力」能夠得到充分發揮。這個能力，可能是組織能力、策劃能力、表達能力、協調能力或執行能力等。

若詳加觀察，領導者將會發現手下的一班人除了「專業能力」外，還有種種才藝、技能等。在整個組織運作中，領導者必須知道如何激發他們邁往「正面導向」的發揮與成長。確實讓每個員工的各種特殊能力、才華，能實際可行地展現在工作績效及組織運作中，進而帶動整個團隊士氣。

20 世紀末，前美國演員雷根證明一個事實：一個懂得並善於運用表現別人能力的人，不論他是誰都可以當領導者，甚至總統。

2. 決策有力，帶動士氣

能幹的領導者明白如何解決問題。他們能拿出一套辦法作爲解決問題的工具；他們能夠根據問題和狀況的性質找出適當的解決方法後，再開始著手進行。

一位領導者乃是問題解決者和決策者，在實踐中可以發現解決問題的能力，或者提供解決問題的方法，乃是很多有效領導者的主要特質。

此外，需要領導者解決的問題通常是難題。有時候還要通過下決心決策。這時候做成的決定，多數都要冒著極大的風險

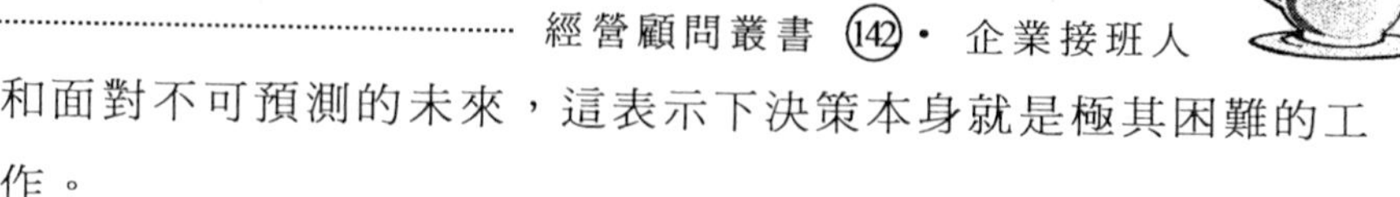

和面對不可預測的未來，這表示下決策本身就是極其困難的工作。

威廉・克勞海軍上將擔任過參謀長聯席會議主席，這是美國軍中最高的職位。他在《時代》雜誌的一次訪問中說：「我認識一些人，他們在作重大決定時連考慮都不考慮一下。我卻不是如此，要是遇著重大問題，我連覺都會睡不好。」

軍事領導人物常會遭遇一些重大問題。西元前 1100 年，以色列的基甸必須攻擊兵力遠超過他的敵人。有一次他面臨的是守在堅固營地的米甸人，米甸人裝備精良，受過良好的訓練，並且具有豐富的作戰經驗，而基甸的部隊只是些沒有訓練的烏合之眾。他只說了一句話：「不願作戰的可以離開。」立刻有 23000 人回家，連回頭看一下都沒有，這是他軍隊 2／3 的人數！

接著基甸作出了更快的決策。他的決策是進一步將軍隊減少到 300 人，但這些都是勇敢的核心分子。他給每個人一支號角、一把火炬和一隻空罐子，然後將這些人分成三組。到了夜裏，這三組人包圍了米甸的營房。他們先是將空罐蓋住火把，然後在基甸的一個信號下，他們打破空罐，吹起號角，然後大聲吶喊：「上帝的劍和基甸的劍。」你可以想像得出來米甸人的營地是個什麼樣的景象。通常一支火把是代表 100 人，米甸人認爲遭到幾萬人的攻擊。

任何一件事都需要有精明的策劃。主帥的能力是一個軍隊的戰鬥力，一個領導者恰是一個企業、一個公司的戰鬥力。當你擁有了恰當的組織策劃能力時，你的領導魅力無疑會百倍千倍的上升。

3. 理性應對，加大影響

領導的能力更重要的是與下屬員工共事，如何能使他們心甘情願地爲企業目標盡力，此時需要做的是收取人心，因爲得人心者得天下。

這樣，你就應該首先有控制自己的情緒的能力，對任何事情都能理性地應付。也就是說在平時就應往心裏放上一杯清涼水，保持冷靜，要自己控制情緒，而不要讓壞情緒控制自己。

有位領導素以情緒起伏「聞名」，只要問題稍有差錯或意見有所不同，便大聲嘶吼、喪失理智，同事皆敬而遠之，唯恐受其「震波」殃及，引起無端之災。

每一位領導者，都必須爲他個人一時情緒的衝動，付出慘痛的代價。

當一個領導者以沉穩理性的方式，來處理人際困擾、業務壓力及危機事件時，就會贏得員工的敬重與信任。

而領導能力的理性展現在強調條理清晰的思考、具體有效地處置以及圓融的問題協調及人際關係，不是急躁地銷售個人的專業與智慧，亦非逞口舌之能事，或蠻橫地運用權勢打擊員工，當然，更不是無意義地激動與忙亂。

理性的應對過程中讓自己時刻保有優雅的自我、謙和的態度、明確的表達及彈性的處理。

我們見面時常互相說「很忙，很忙。」似乎只有這句話，才能表示個人存在的重要性及對工作負責的態度。然而，一個常說「我很忙」的人，只是顯示其缺乏效率而已！身爲領導者，反而應該不斷提醒自己：「一切都在掌握中。」

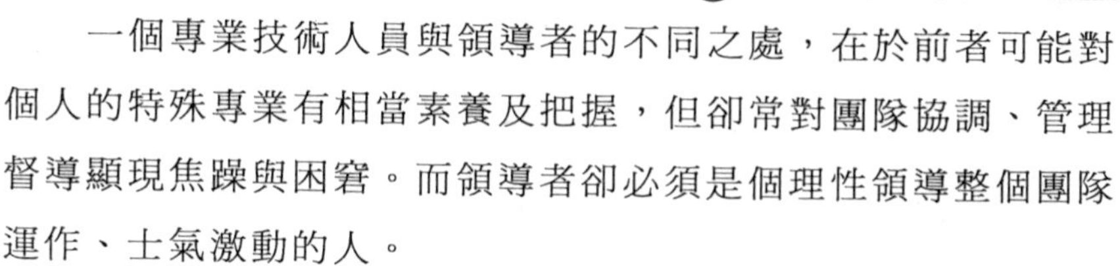

一個專業技術人員與領導者的不同之處，在於前者可能對個人的特殊專業有相當素養及把握，但卻常對團隊協調、管理督導顯現焦躁與困窘。而領導者卻必須是個理性領導整個團隊運作、士氣激動的人。

歌德說：「情緒可能普遍，但『理』始終只是少數人所擁有的財產。」身爲領導者便須去囤積這種私人財產。

馬克・吐溫筆下的湯姆（《湯姆歷險記》的男主角）在粉刷籬笆時，能刻意壓制他內心的厭煩與懊惱，裝出一副得意歡暢的樣了，吸引同伴心甘情願地交出玩具、蘋果等，來換取粉刷籬笆的樂趣。

湯姆這個小頑童在這時所展現的，便是一流的領導能力。先展現魅力——快樂粉刷的情緒，進而影響他人，在不知不覺中也就幫助自己完成了目標。

影響力來自於個人魅力及領導能力。首先，領導者必須清楚自己的角色，應該是一個「領導專家」。換句話說，「領導」是個人的「專長」；「領導能力」是個人特別的技術，甚至是最擅長的技術。

領導，就是知道如何組織運用不同因素的專家，來達到生產目標。更確切地說，就是有能力導引他人，「快快樂樂」地去做他「應該」做的事，甚至包括他不「喜歡」做的事。

當一位領導者能夠讓不斷抗拒、充滿敵意的員工，願意心悅誠服地接受，並積極參與團隊所分配的職責時，這位領導者就是充分發揮其高度的影響力。甚至，當一個母親能使原本怨言連篇、散漫怠惰的女兒快快樂樂地洗碗時，這位母親便是懂

得所謂影響力了。

在一個精緻分工的時代，領導者要能讓各類不同的專家，在意見分歧中，組合成一個生產團隊。這種結合的能力，就是來自於領導運用影響力的藝術。

身爲一個領導者，必須知道如何通過行政會議、問題協調、個別督導、建立共識、激勵士氣、組織運作及氣氛營造來產生影響力，使每個不同的專家，能在愉悅的環境裏，以最佳的心理狀態，傾其所能，貢獻一己之長。

這種影響他人的能力，使不同的個體能達到「眾人一口」的「合」字精神，便是一個優秀的領導者所具有的能力。

一位理智地使自己保持平和快樂的領導方能給人有能力的感覺，其影響力才會不斷地擴大，推動你的期望的實現。

◎樹立權威

一般人會認爲，一個企業的領導人如果和藹可親，事事徵求大家的意見，那麼下屬員工的忠誠度一定很高，因爲工作愉快。不過，現實與想像存在很大距離，對企業的調查表明，員工的忠誠度與企業領導人是否和藹可親並無絕對關係，想來是很多人搞混了「工作愉快」與「愉快工作」的關係。

1. 工作愉快

工作愉快，往往是因爲企業發展順利，而只有當企業擁有一位傑出的領導者時，這樣的工作愉快才會比較容易實現。愉快工作，是指工作時很快樂，沒有人會時不時地來煩你。但令人惱火的是，「愉快工作」並不總是與「工作愉快」同時出現。那麼，失去了工作愉快的員工，是否會影響對企業的忠誠度？

2. 贏得忠誠

記得在西方國家，曾經有過這樣一個發現：爲名人做助理的人，往往自願地做出犧牲，保持單身或是不生育子女。調查中有一位擔任助理很長時間的女士說，她印象中沒有一位私人助理是有兩個小孩的。而另一位擔任電視臺名人助理的女士則開玩笑說，如果一定要有兩個小孩的話，那麼自己的老闆也算是一個。

在西方國家，私人助理是管家之類的工作，她們與僱主的地位相差懸殊，老闆對她們而言的權威性是不言自明的。但愈是這樣，她們對老闆表現出來的忠誠度卻愈是令人吃驚，居然可以達到犧牲自身幸福的地步！

客觀地說，權威型領導其實與員工的忠誠度沒有必然關係。只要這個領導能夠做事正確，沒有其他的道德缺陷，那麼很可能員工的忠誠度還要高於那些表面和藹但卻事事遷就的企業領導人。

3. 松下公司領導的權威

在日本的松下電器公司有一次人事變動曾引起外界議論紛紛，但是，公司內部卻非常地平靜。原來，公司的創始人——松下從默默無聞的員工中，提拔新人擔任社長一職；而沒有按常規，讓副社長「由副轉正」。外界普遍認爲這種做法不可行，而公司人員卻認爲這是松下幸之助本人的決定，「他的決定絕對正確，我們會絕對支援」，而且，松下公司的員工還派代表向松

下幸之助表示感謝。

其實，在當時松下幸之助已辭去了社長和工會會長的職務，按理說，如果此次調整成功，應由松下本人向他們感謝才對，怎麼反過來，由松下幸之助接受他們的謝意呢？原因就是兩個字：權威。人雖然已經不在其位，但權威仍在，從管理戰線退居幕後並不意味著權威的消失，因爲，大家仍尊重作爲公司創辦人的他。

4. 樹立權威

從松下公司這件事可以看出領導權威的重要性。作爲企業的接班人，繼任者未來就該對公司的生產經營活動有全面的指揮權，但是有權力無威望不能達到預期的領導效果，威信的樹立要靠素質和能力。所以，繼任者就應該做到以下幾點，樹立自身良好的領導權威形象，以便爲將來的領導活動打基礎。

繼任者要有清醒的頭腦，合理的思考模式，在紛繁複雜的經營活動中能抓住問題的本質，洞察問題的癥結所在。作爲比一般中層領導和員工地位都高的繼任者，必須有比一般人強的能力，要能更深入的思考、更細緻的觀察，要能描繪出公司的發展藍圖。

要有高超的組織能力。繼任者雖然沒有正式接任公司領導一職，但是，仍要對公司的生產經營活動瞭若指掌；對於重大活動、改革措施，以及對突發事件的處理，要英明果斷，要及時分授職權，善於任命各級各部門人員，並使大家心悅誠服。另外，繼任者還要善於調動每個員工的積極性，使他們全心全意地工作；要協調組織內部和外部的人際關係，保證和諧有序

的工作氣氛；爲部下提供各種有利的工作條件，及時檢查並彌補不足，提高員工的工作效率。

繼任者要有對外界的敏捷反應。「商場如戰場」，企業經營的環境複雜多變，市場形勢日新月異，顧客需求越來越多樣化，這些都是將要真正作爲領導人時所要面對的，所以，此時，繼任者就應該審時度勢，因人而異，因時而宜，能根據各種發展變化，調整原有的工作方針，時刻以一個創新者的面目出現，而不能墨守成規。只有如此，才能適應外界的需求，進而趨利避害，以利於企業在商潮中立穩腳跟。

◎善於學習

在知識經濟的時代，人力資本已經取代物質資本成爲創造財富的關鍵要素。提升企業員工的人力資本，培養造就一流的人才，成爲企業競爭取勝的關鍵。同時，也只有當一個企業的人力資本的增值超過財務資本的增值時，一個企業才能夠健康、持久、穩定地發展。傑克·韋爾奇曾說：「在這樣一個快速變革的時代，一個企業真正的持久的優勢在於它比對手更快、更強的學習能力。」美國《財富》雜誌也曾指出：「未來最成功的公司，將是那些基於學習型組織的公司。」而作爲企業的領導者，就必須具備更強的學習能力，才能夠適應未來企業組織的發展趨勢，更好地應對各種充滿變數的挑戰。因而，在對「接班人」的選拔中，學習能力必然要成爲考核的關鍵因素。而學習知識的最佳途徑就是靠廣泛的閱讀。

美國《成功》雜誌的創始人奧裏森・馬登博士曾這樣評述閱讀的重要意義：

假如你渴望提高自己，讀書能提高你的品位、增強你的想像力、明確你的志向、提升你的理想。那就閱讀有力量的書，能喚起你內心最深處使命感的書。閱讀能使你下決心去做事情的書，使你更努力一點點去成爲更好的人以及去做更多事情的書。

每天聚精會神讀書 15 分鐘，能使你在 5 年內領略所有最偉大的思想。書籍是人類文明中的寶貴財富，任何忽視它的行爲都是愚蠢的。

羅依・史密斯說：「一本好書包含比一家好的銀行更多的真實財富。」

一個領導者想要趕上時代，不斷增強個人智慧，必需加強閱讀。

「閱讀比起任何其他的行爲都更有力量釋放你的潛能。在這個過程中，我們的本性會得以更好地展現」。亞伯拉罕・林肯就是一個狂熱的讀書人。正是通過閱讀的力量，他使自己從一個邊遠地區的窮孩子，成爲美國有史以來最偉大的總統之一。

當我們閱讀激勵後人、引發思想的書時，我們在生命的各個方面都變得更加富有。概括地說，閱讀具有使我們從現在的樣子變成將來樣子的力量。

關於閱讀的力量，暢銷書《與鯊魚同遊而不被生吃》的作者哈威・麥凱曾經這樣說到：

「我們的生活通過兩種方式在改變著，一是通過我們所交往的人；二是通過我們所讀的書。如果你不結識新的人，不讀新的書，你就不會改變。如果你不改變，你就不會成長。事情就是這麼簡單。」

當然，並非每個快樂而擁有財產的人都是讀書人，也並不是每個讀書人都快樂和擁有財產，這是沒得說的。你需要理解的是，給你自己一個小小的勝算，以便今天比昨天更好一點點，多給你自己一個在生活這個遊戲中取勝的機會！

資訊時代的危險在於，我們把太多的時間花在收集無用或有害的資訊上，而不是收集能幫助我們的資訊上。

當領導的原則是，讀好書，讀有用的書，讀在成功旅途中對你最有吸引力的書。

一個欲求新知的領導者，在選擇書籍時，要先找有關管理技術的書籍。不過，光憑這一點似乎還是難以成爲出色的領導者。畢竟，將「管理」完全視爲是一種「技巧」，並不確定。事實上，如果根本沒有誠心誠意的心理，「技巧」會很快地被識破。況且，你要是對自己管理的部門沒有深刻的認識，不但難以管理好部下，甚至還會爲員工所輕視。所以，你首先應該要看的，是和自己管理的專門領域有關的書籍，這種專門的書籍就是領導者的最佳指南。

如果只是這麼做，就想成爲一個穩重的領導者，似乎還有點不夠。不妨也要看文學書籍和以成爲現代人話題爲主的書籍等。事實上，就是看歷史性的小說，也可以學到管理方面的知識或技巧。

建議領導者選擇書籍，可以包括：管理協調技術的指導書；

與自己的工作相關的書籍；即使沒有直接關係，但有間接關係的書籍也該看；對爲人處事、修養有益的書籍；有興趣或娛樂性的書籍；將來可能有必要的書籍。

◎創新精神

領導者的本質實際上是一種創新精神，這個「特色」的精髓就在於創新。有一位哲學家說，人類歷史的本質是創新的歷史，同樣可以說，經濟發展的本質是創造性的發展。市場機制的核心是價格機制，價格機制的決定性因素是物品的稀缺性，只有稀缺的東西才具備市場價值，才可以用來交換，生產者或經營者才能從中獲取利潤。稀缺性原則要求創造性，要求提供不同的產品或服務，這與企業的根本目標是一致的。因此，創新能力是領導者的必備能力，也是企業接班人的基本素質。

創新是一個不斷努力的過程。企業只有不斷創新，才能在競爭中獲取優勢，不斷擴大市場佔有率，才能提高效益。但創新也並不意味著什麼驚天動地的大發明，創新意味著任何一種價值的改進，可以是產品，也可以是技術，可以是硬體，也可是軟體，可以是管理、服務，也可以是一種新的規則，甚至可以是一種獨特的標誌、標記。

繼任者創新的內容非常豐富，但最根本的是制度創新。企業制度的創新是由企業領導人直接發動、組織和領導的，市場體制的創新主要是由領導者所推動的。

企業接班人缺乏創新特性，集中體現在其未來角色人格特性上。首先，繼任者未來的角色人格是主導角色；其次，這種角色人格是一種具有創造性特質的三維結構。自由和創造是領導者人格的本性，追求角色自由和創造是領導者角色人格的主導因素。

企業創新並不是某個人的事情，創新力的形成必須通過企業與個人的共同努力，而企業本身也可營造適當的環境來激勵企業新活動的前提下方能進行，無論是人與人之間的情誼或企業中所彌漫的氣氛，都會影響創新活動的成敗，而企業文化正是塑造這些非正式的人際關係與企業氣氛的主要動力。

比爾・蓋茨:「要麼創新，要麼死亡。」這也是流行於美國的名言。而創新又難免失敗，甚至失敗多於成功，因而矽谷人又提出「邊敗邊幹」的豪言。比爾・蓋茨是最好的見證人。

比爾・蓋茨從一個窮書生不過 20 年就一躍成爲世界首富，把過去的石油大王、鋼鐵大王拋到後面，全在於他的創新精神，設計了一代又一代的新型電腦。他說:「過去的 20 年，對我來說是一個難以置信的冒險過程。」「對於尚未開拓的領域，絕不可能有一幅可靠的地圖。」其開拓創新的勇氣躍然紙上。

上面說的是個人，組織也是如此。日本的新力公司是個典型。

新力公司除了擁有眾多的科技人才之外，還特別重視選拔具有高度創新精神的經理班子。在選拔高級管理人員這個問題上，新力人不僱用僅僅勝任某個具體職位的人，而樂於啓用那些具有不同經歷、喜歡標新立異的實幹家。新力公司從不把能

人定在一個崗位上，而是讓其合理流動，爲他們能夠最大限度地發揮個人的聰明才智提供機會。在這樣的環境中，新力人特別樂於承擔具有挑戰性的工作，人人積極進取，個個奮勇爭先，整個企業始終充滿了生機和活力。幾十年來的輝煌歷程，清晰地表明，新力取得的巨大成功在於——新力人。

◎傳承企業文化

企業文化建設離不開企業領導者的作用。

傳統文化就是要有一個頭兒，大家跟著頭兒幹。領袖的魅力來源於其人格的魅力，而不是權力。領袖型人物通常具有足夠的識人之智，容人之量，用人之術，同時具有強烈的創新和冒險意識，他們身上具有引領眾人實現願景的特殊力量。

企業領導者對構築企業文化具有不可替代的作用。管理學理論的企業計畫、組織、領導、控制中，領導是重要因素。領導者通過其非常敏銳的觀察力，觀察出這個組織所有人的心理以及客觀的困境，透過口號，透過行爲，形成一個共同遠景，讓大家行爲一致，形成一個文化，形成一種力量。這個力量通過長期的經營實踐，在員工中形成共同擁有的理想、信念、行爲準則，最終可以演化爲企業真正的文化。

縱觀中外優秀的企業文化，都閃現著創業領袖的個人信念、價值觀、人生觀和世界觀。領頭人的風格、精神，以及其經營理念的傳播和貫徹，極大地影響著企業各方面行爲，對企業長期發展至關重要。美國新港新聞造船和碼頭公司的創辦人亨廷頓曾經在 1866 年說過這樣一段話：「我們要造好船，如果可能的話，賺點錢。如果必要的話，賠點錢。但永遠要造好船。」直到 1987 年，他的這段話還被他的公司的副總裁引用並被銘刻在公司最顯眼的地方，成爲公司的文化和信仰。

韋爾奇先生是全世界公認的此類企業精英。他在 20 世紀 80 年代初就提出「追求卓越」的理念，並詮釋其爲「超越過去我們對品質要求的極限，我們要做得比我們認爲最好的還要好的信念」。他認爲，「卓越」並非是一種成就，而是一種精神。這種精神會掌握一個人或一個公司的生命與靈魂，它是一個永無休止的學習過程，本身就帶有「創造性不滿足」。韋爾奇先生運用其超前的意識和精心塑造的以「求新求變」等信念引領的公司文化，最終使得「追求卓越精神」化爲現實。

可以說，一個企業真正有價值、有魅力、有未來的東西不是產品，而是這個企業的文化。所以，企業接班人在繼承企業領導權力的同時，更應該傳承企業文化。尤其是一個優秀的公司，其卓越的企業文化不僅已經深入員工人心，更在消費者心目中被廣泛接受。因此，新的接班人只有繼承了公司的企業文化，才能在此基礎上展開一切領導活動，也才有可能將公司未來發揚光大。

2

培養接班人，才能讓企業永續經營

企業領導人選好接班人，是讓企業從良好提升到卓越，並在時代交替後更加成功的必要條件。儘早篩選、培養出具有潛力的繼承人，有助於穩固企業基業……

放眼當今世界上的成功企業，固然有些是近年新興經濟時代下快速崛起的明星公司，多數仍爲老字型大小企業，成長過程已歷經數次企業領導人的更替，但公司仍能穩健發展，並將既有基業發揚光大。所以，重視企業接班人問題，可協助國內企業集團安然度過第一代創業家老化的危機。

但談到接班人問題，似乎多在專業經理人接棒或家族繼承的議題上打轉，以接班人身份看待此問題。須知，真正面臨領導人轉換危機的是企業本體，以企業所面對的挑戰角度，來審視接班人應具備的條件，有助於重新聚焦在如何爲股東、員工顧客挑選具有經營延續能力的領導者，而非重視接班候選人的身份背景。

以企業永續經營面切入，擔任一家已具備相當基礎企業的接班人，應擁有下列能力。

企業設立的目的，是依據成立宗旨，完成任務使命。具體而言，就是透過企業的營運活動，滿足顧客需求，爲社會與總體經濟創造價值。既然企業存在意義，是扮演好本身的經濟、社會角色，企業永續經營也就必須建構在此基礎上，現有的領導者和未來的接班人都要擁有找尋、建立、達成企業願景的能力。

但談論接班人的願景能力，容易陷入一種迷思，認爲企業目前的卓越市場地位，應歸功於過去的成功經驗，接班人的使命是一致性地延續此既有的成功願景，新人上臺不應政策急轉彎。

此立論固然有根據，實務上亦不乏新人新政的失敗案例，一般人卻忽略，但它是建立在企業正值成長期或再凍結期的前提上。若企業已步入成長階段，此時接班人當須接受前任在草創期摸索出來的發展策略，繼續貫徹執行。

再凍結期指企業變革時，由解凍期走向改革期、再走向凍結期的過程中，正處於將新變革成果深植企業文化的再凍結期，企業接班人自然不宜再啓動新變革，讓企業退回改革期的動盪階段。

若企業並非處於成長期或再凍結期，則蕭規曹隨的策略就值得深思檢討。因爲企業是個有機體，會在時空環境的變化下，處於不同的發展階段。甚至交棒者在領導權過繼前，常因歷史包袱或年老力衰等因素，使企業發展停滯，而有步向衰退期或需要變革的危機，此時，企業接班人必須具備願景力，將一切回歸到基本面，重新省思企業的成立宗旨、審視企業的市場定位、規劃企業未來的發展方向，以勾勒出企業成長的新願景。

◎執行力

無論是傳承前交棒人的成功策略，或依據環境評估而提出的新願景，貫徹、執行是接班人贏得穩固地位的不二法門。企業經營棒交接，不只是交、接者之間的問題，更是企業內員工、投資人，乃至於外界客戶、供應商共同關注的事情。經營者異動會給利害關係人帶來不安全感，他們難免會以過去領導者的言行，來評比新接班人的各項能力和表現。接班人短期內要拿出一定成績，建立大家的信心，因此，執行力是必備的能力。

長期來說，接班人接下領導企業的重大責任，自然必須帶領企業持續成功發展，開創新局，執行力就是落實此責任的必備條件。

◎內部凝聚力

企業旺盛的生命力，來自求新求變、永不自滿的奮鬥精神，維持與強化企業的活力，是接班人的重大挑戰。企業交接時，舊有策略制度及組織架構，並非要全盤改變，才算突破創新，事實上，企業應養成隨時革新的習慣。接班人接手後，不應停下已推動的變革創新腳步，重做前任領導者已完成的規劃評估工作，甚或倉促進行人事變動、突然引進大批人馬，反而應把重點放在多認識既有經營團隊，並督促他們持續推動已展開的計畫，絕不能讓接班事宜形成既定政策空窗期，或經營幹部人

心不安的作業空轉，造成企業發展停滯。

從經營團隊的角度來看，公司領導人固然有其不可否定的重要地位，會影響企業成敗，各階層主管也扮演關鍵角色。激發管理團隊持續努力、穩固經營幹部向心力、凝聚決策階層共識，以強化個人作戰能力，並轉化成爲企業整體競爭力，是企業接班人不可不備的重要技能。

柯林斯在《從 A 到 A+》一書中指出，企業領導人選好接班人，是讓企業從良好提升到卓越，並在時代交替後更加成功的一項必要特質。超過百年歷史的通用電氣前執行長魏爾契，在自傳中提到他選擇接班人的嚴謹和漫長的過程，這是通用電氣賦予領導人的一項重要責任。由此可見，正視接班人的制度是企業基業長青的關鍵之一。

及早確定接班人的條件，並儘早篩選、培養具有潛力的繼承人，有助於企業建立千秋基業。

3

發掘潛在人才

爲選拔合適的人才，也就是發掘高潛質人才，對繼任管理非常關鍵。如果選拔過程做不到準確、有效、公平，就一定會失敗。

選拔的目標是找到這樣的員工——他們可以爲企業在開發培訓資源上的投入帶來最多的回報。合理的遴選程序可以精確地找到具有適當的技術、能力和動機的員工，他們能夠充分利用並受益於所提供的發展機會。

一家大型的通信公司曾經從企業內部發掘人才，參加爲期 8 年的培養計畫，爲高級領導職位做準備，在運作了 15 年後，有將近 300 名員工參加了這項培養計畫，卻一共只培養出了 3 名高管成員，而爲公司高管職位指定的後備人選實際上沒有一個出自這個項目。

該企業繼任管理計畫中有許多錯誤，但絕大多數問題都源自選拔過程。內部指定的那些人選，既沒有能力也沒有意願成爲高管人才。之所以選擇這些候選人，主要考慮的是他們的技術和銷售能力，以及如何留住這些員工，而沒有考慮他們是否具有成長到更高層次的潛力。結果就是：公司爲此投入了 1 億多美元可觀的資金，卻幾乎沒有什麼收益。事實上，如果企業肯在遴選人才上多花一點點投資，選拔出更好的人才，將會產生極大的回報。

其他企業也發現，過去曾經製造了許多合格候選人的選拔體系突然間失靈了。通過這個體系培養出來的員工具有必要的技能和工作熱忱，但是人數太少。過去，企業爲未來的高管職位搜索後備力量時可以忽視一些高潛質的員工，因爲通常總是有足夠的人才備選。然而，今天的商業環境已經不具備同樣的條件了。更糟糕的是，當高潛質人才被忽視時，他們通常會離職尋找其他機會，使企業人才流失的問題更加嚴重。今天的企業無法承擔失去優秀員工的代價，它們需要現有的每一個有才能的員工。顯而易見，準確地發掘出高潛質員工的能力至關重要。

◎首先要有提名標準

爲了讓提名程序發揮作用，企業需要一套統一的標準來評估候選人。在提名表格中通常涵蓋了這些標準，每一個候選人都要塡寫。隨著提名程序的進展，這些表格逐級向上呈送到高管資源委員會，以便他們做最後的篩選。對於初次參加遴選的人來說，這個表格應該包括儲備庫成員「必須達到」的標準，例如：

- 最低的教育要求。但要小心，這有可能會排除很多年紀較大的經理。

・在本單位就職的最短時間。

・必需的主管/管理經驗(可以是在本公司之外)。

・如果企業的績效管理系統真實有效，則要求員工的績效評估達到一定水準。

・具體的培訓、經歷或是技能。

・國際經驗，不過家庭責任可能令某些人無法在國外工作。

・地理上有靈活性，能夠接受異地安置。

每個企業對這些基本條件的要求各不相同。除此之外，這個表格中還應該包括高管職位成功的種種關鍵性評估要素，例如：

・利潤效益追蹤記錄(職業成就)——對收入增長、銷售有效性、創新以及流程改進的專門衡量。

・發展傾向(即該員工是否是可造之才，從經驗中學習的歷史，在新的環境中學習新任務的速度，好奇心等)。

・組織價值模型。

・戰略性思考(如果有機會的話)。

・成爲戰略性領導人／總經理，或是達到其他預期層次的抱負。

・敏銳的商業意識／創業精神。

・管理層的認同。

・對其他人的培養。

・人際交往技能和領導技能(例如，正確的自我認識，風格的靈活性)。

・適應性(任務、地點以及人員)。

大多數企業只用到 6 個或是更少的指標。很顯然，隨著商業戰略的發展，以及企業運用「人才加速儲備庫」的經驗更加豐富，提名的標準也應該隨之重新審議。在討論被提名者，以及在高管資源委員會尋找額外資訊的過程中，這種重新審議會自然而然地發生。

充分溝通這些評估要素的含義非常重要。每個評估者都必須清楚地瞭解所有指標的定義，知道什麼樣的行爲符合或者不符合這些定義。

我們經常被問及，企業是否應該在提名推薦表中列出高管特質，尤其是職位所需的能力。提前用四項特質(即工作歷練、機構知識、能力和高管缺陷)來診斷發展需求，這個想法很吸引人，但並不是一個很好的主意，原因有兩個：

1.對於每項要求，每個負責提名的人可能會有非常不同的標準，因此他們給被提名者的評級會很不精確。

2.舉薦人經常沒有足夠的資訊來正確地評估候選人，因爲被提名者沒有機會展示自己在各個方面的造詣。例如，一個在初級或是中級職位上的員工很可能沒有機會來表現自己「想像中」的領導力。

當管理者們被迫在他們不瞭解或是未觀察過的領域內評估候選人，或者不知道該採用何種標準時，評估的結果通常反映爲「光環效應」──候選人在所有領域內得到的評估都是一樣的，要麼都好，要麼都差。總的來說，我們認爲，提名推薦表應該把重點放在多數候選人現任工作上可以被觀察到的領域。

發掘潛在人才和診斷發展需求側重領域對比

標準	發掘高潛質人才	診斷發展需求
對公司價值觀的支持 ・行為與公司價值觀保持一致 ・尊重別人 ・善於團隊合作 ・認同管理層	×	
領導才能前景 ・有意願去領導 ・接受領導職責 ・能夠動員資源/員工展開行動 ・領導的團隊士氣高漲	×	
人際交往技能 ・能夠清晰有效地溝通 ・能夠有效地進行演示 ・展示出人際技巧 ・受到信任和尊重	×	
達成結果 ・能夠帶領團隊取得良好的業績 ・能夠達成預定的指標(例如，銷售額、生產率、利潤、品質等) ・完成主要工作任務	×	
發展傾向 ・準確的自我認識 ・可造之才；虛心接受回饋 ・一貫能從經驗中學習 ・在新環境下迅速學習 ・主動自我培養	×	
留才的重要性/離職風險 ・擁有獨特的或企業所需的技能 ・其他公司挖角的對象	×	
機構知識		×
工作歷練		×
能力		×
高管缺陷		×

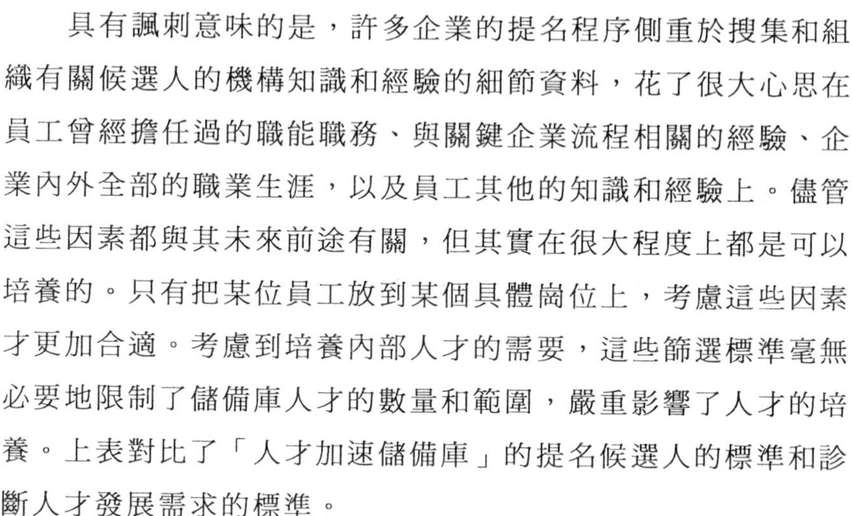

具有諷刺意味的是，許多企業的提名程序側重於搜集和組織有關候選人的機構知識和經驗的細節資料，花了很大心思在員工曾經擔任過的職能職務、與關鍵企業流程相關的經驗、企業內外全部的職業生涯，以及員工其他的知識和經驗上。儘管這些因素都與其未來前途有關，但其實在很大程度上都是可以培養的。只有把某位員工放到某個具體崗位上，考慮這些因素才更加合適。考慮到培養內部人才的需要，這些篩選標準毫無必要地限制了儲備庫人才的數量和範圍，嚴重影響了人才的培養。上表對比了「人才加速儲備庫」的提名候選人的標準和診斷人才發展需求的標準。

1. 表格

由於提名程序的目標是找出(而不是診斷)人才，因此，聚焦某一小部分基本特性可以形成一個有效流程，在企業內部廣泛撒網。高管資源委員會是提名推薦表的最終使用者，所以它有責任去設計表格。

提名推薦表所使用的評定量表應該非常簡單。我們發現用以下三級評估標準就足夠精確了，例如：

・有待培養——在此領域需要培養。

・熟練——在此領域應該能夠做出有效的業績。

・優勢——在此領域表現出明顯的優勢(即比大多數人都強)。

必須提醒評鑑師的一點是，應當用未來的標準來評估候選人(例如，總經理級別)，這樣可以保證標準的一致性。評鑑師也應當有相關的行為事例來證明他們的評分。有些企業要求舉

薦人用書面的行爲事例來支援他們的評價；還有些企業則讓舉薦人參加高管資源委員會的會議，向委員會報告這些事例。只要決策時使用了這些觀察到的行爲事例，這兩種方法都差不多，沒有那一種更有優勢。

2. 留任問題是否應成為提名的考慮因素

提名儲備庫成員應該根據他們對企業的長期潛在價值，而不是短期因素，例如企圖留住一個可能另謀高就的員工。但

對大多數企業而言，留住員工都是一個特別重要的議題。「人才加速儲備庫」可以成爲留住高潛質員工的一個主要因素。因此，在提名過程中，企業常常考慮員工對於公司成功的影響，以及他們是否有離職的危險。

這些因素讓企業爲「人才加速儲備庫」提名時總是心存顧慮。

◎公正、高效、有成效的提名程序的關鍵因素

1. 設定「人才加速儲備庫」的規模

爲「人才加速儲備庫」推薦成員，首先要決定的是讓多少員工進入儲備庫。

「人才加速儲備庫」的規模取決於許多因素，包括企業的成長、員工的退休、現有儲備庫成員的品質和數量、可供培養員工的資源(導師／培訓／輪崗)等。通常，這一數位並不嚴格，可以視情況的不同而有所變化。在大多數有「人才加速儲備庫」的企業裏，儲備庫的規模是全部員工人數的 1%-2%。

毫無疑問，企業必須仔細考慮儲備庫的適當規模。對於那些爲了留住員工而希望包括更多成員的企業來說，必須將近期潛力大的員工和需要長期培養的員工區別開來。許多企業的資源都很短缺，必須做出艱難的決定：那些員工將接受最有價值的支持(例如，資深高管導師、特殊任務等)。然而，我們相信，培養、認可所有的關鍵員工非常重要。把儲備庫成員分層，可以讓企業爲不同潛質的成員引入不同的培養策略。最有潛質的儲備庫成員應該接受能夠幫助他們儘快成爲高管的工作任務，例如加入重要的工作團隊；而培養潛力較弱的員工，則採取更慢、更節約的方法(例如在崗任務等)。

一旦總的規模確定下來，儲備庫成員的名額就被分配到企業各個單位之中(例如，業務單元、職能部門、各個國家和分支機搆等)。一般來說，大的單位會得到更多名額，但是如果較小的單位發展潛力更大，或者培養人才方面更有成效的話，實際情況也就不一定如此。當高管資源委員會比較來自各個單位的候選人時，它可以重新調整儲備庫總的規模和在各單位之間分配的名額。假如單位甲有許多優秀的候選人，而單位乙卻沒有足夠的候選人，高管資源委員會就可以把更多的名額分配給單位甲，同時採取行動糾正單位乙的問題。

2. 誰參與提名

許多企業問我們，如何決定最勝任或是最合適的舉薦人。簡單的回答是，所有現任資深高管和主要的業務負責人都應該負責推薦。他們和下屬員工溝通進入儲備庫的標準，然後推薦人才。有很多提名方式可以採用，既有正式的，也有非正式的。

大多數經理在員工會議上討論標準，確定人選。還有些經理允許下屬毛遂自薦。

如果某位高管沒有足夠的能力識別和推薦高潛質員工，該怎麼辦？在這種情況下，企業必須堅持其已經建立的標準，要求提供候選人的行爲依據來確保提名的客觀和準確。在提名會議上，其他成員可以提問題，要求提供數據，校準那些看上去不一定正確的初始提名。高管們在參與提名的過程中也能學會如何成爲更好的舉薦人。在提名的討論中，高管們會發現他們學會理解並使用一種描述人才和討論高潛質人才的語言。討論諸如「取得成果」或是「有所造詣」的具體含義，能夠增強高管們對所評估的事物和找尋的領導人才的瞭解。隨著這種討論變得更加成熟，高管們能夠更流利地使用這種語言，他們對人才的判斷也會更加可靠。因此，如果排除了提名過程中的「問題高管」，也許問題反而永遠得不到消除。

3. 發掘隱藏的人才

每個企業都有一些明星員工，他們普遍被認爲是最優秀、最聰明的人。真正的挑戰在於讓舉薦人發掘出那些不知名的、甚至被認爲是不可能的候選人。企業中總有一些員工，他們可能不符合傳統的成功模式，但是也展現出承擔更多挑戰的能力。避免先人爲主的偏見，爲這些有才華的員工找到新位置，總能給企業帶來驚喜。

以下行動可以保證讓範圍廣泛的人才進入「人才加速儲備庫」：

・首先，建立一個符合企業「人才加速儲備庫」最低要求

的所有領導人才的名單。

- 然後，再列出完成了教育項目(例如夜間 MBA 課程)或者以其他方式得到好評與肯定的員工名單(例如，獲獎團隊的成員，被同事們自發提及領導技能等)。
- 從較小的部門或是職能部門尋找領導人才，而不只是考慮企業的核心業務部門。
- 考慮那些成功領導了特別任務小組或是專門委員會的員工。
- 詢問經理們，他們隊伍中的那些員工是特殊任務或項目最需要的人。
- 從特殊任務(例如虛擬產品開發小組)上歸隊的員工。
- 國際任務中的員工，甚至那些從來沒有去過總部辦公室的員工。
- 考慮那些塡寫個人發展計畫時提到想要做高管的員工。

爲了衡量企業在建立廣泛篩選網路上的成效，建議匯總下列一些簡單但很有效的數據，例如：

- 主要優勢在於具有特殊的技術或是擁有同樣運營背景的候選人百分比。
- 沒有受過企業核心技術培訓或教育的候選人百分比。
- 少數民族/種族、不同文化背景或是女性候選人的百分比。
- 不在公司本地辦公的候選人百分比。

這些數據可以激發關於高潛質領導人才更廣泛的思考。它也幫助舉薦人把視角建立在所有的人才範圍上，從而避免標準

過高、過低或是過於傳統(亦即缺少對未來的考慮)。

4. **增強企業內的「人才獵頭」**

對於在發掘人才上花費精力、承擔義務的高管們要給予認可和激勵。這些「人才獵頭」通常是無名英雄，也是公司的無價之寶。每個企業裏都有一些關於績效優秀者的傳說，他們在不太可能的地方被發掘，或是有著不尋常的背景，後來升到承擔重要責任和具有重大影響的職位。例如這樣幾個真實的例子：

· 一位首席執行官的前任行政助理成長爲研發部門的主管。

· 加拿大一家大型製造企業的首席執行官曾在小學留過兩次級。

· 一位曾發誓做修女的女士後來成爲市場行銷副總裁。

當然，關鍵在於可以通過關注這些人的成就，關注發掘這些人才、在他們職業生涯關鍵點上拉他們一把的領導人，孕育出更多這樣的成功故事。

5. **高管資源委員會的角色**

最終，提名將被送交到高管資源委員會。委員會確定人選的方法有很多。例如，一家由 DDI 提供諮詢服務的大型跨國製造企業，有兩個主要的「人才加速儲備庫」，遴選程序截然不同。第一個被稱之爲「早期人才加速儲備庫」，注重有潛力的、在業務部門內擔任中層管理職務或者運營領導角色的專業人員。有關儲備庫候選人的資訊主要由人力資源小組來處理，他們整理所有的表格和資料，包括員工的主要經歷和推薦表。此外，人力資源部門有時也爲儲備庫推薦人選，準備類似的文件夾。高

管資源委員會的會議很簡短，主要集中於做最後的決定。委員會的這些決定基本上是要確保提名名單的明智合理，即確定被提名者的構成和多樣性符合要求，且從產品、職能和部門等方面看具有很好的代表性。

第二個是「戰略人才加速儲備庫」，它把目標定在更高層次的職位上。這個儲備庫成員的確定，更多採取自上而下的方法。由構成高管資源委員會的首席運營官和關鍵戰略業務單元的負責人召開人才選拔會議。提名經過精挑細選，要求很多的細節和判斷。最後的決定由委員會專門開會做出（這種會議有時氣氛極爲火爆）。被選人「戰略人才加速儲備庫」的員工，既有特殊關鍵職位上的目標人選也有普通管理職位上的目標人選。人力資源部門的主要任務是協助整個流程的進行和文書工作。毫無疑問，提名由最高管理層親自負責和批准。

6. 人力資源部的角色

在業務單元和企業整體兩個層面上，人力資源部都在發掘高潛質人才的過程中扮演著關鍵角色。它既要確保高管資源委員會和其他負責推薦的高管們正確地理解和使用選拔標準，同時在必要時還要富有建設性地挑戰某項提名，指出提名與業績或者相關人才數據之間可能不相符的地方。人力資源代表還要確保表格填寫正確，給出概要性的數據來幫助高管資源委員會比較候選人，找到候選人名單上的漏洞。通常，人力資源部也要統計候選人的多樣性，讓高管資源委員會瞭解公司在此方面的現狀。

人力資源部應該準備一份候選人名單，以及每個候選人在

各項推薦指標上的評級，如下表所示。

候選人、成功要素以及評級

姓名	對公司價值觀的支持	領導力前景	人際交往技能	獲得結果	培養傾向	留的緊迫性
約翰	S	S	S	P	S	高
珍妮	S	S	P	P	S	高
吉姆	P	P	S	S	P	中
瓊	P	S	P	S	P	中
傑克	P	P	P	P	S	低
吉爾	D	P	P	P	P	中
S=優勢領域，P=熟練領域，D=有待培養領域						

需要注意的是，該表格大致根據評估的級別降冪排列候選人，這樣可以快速查看一組候選人的大致情況。它也能幫助企業資深高管洞察整個提名程序。例如，在一組相似級別的人選中，有些人會進入而有些人則不能。對這些案例進行一次近距離的考察，通常能夠揭示出提名和遴選過程中所使用的表格之外的某些標準。接下來，人力資源部要麼據此改變公司的標準，要麼採取措施確保這些「潛規則」不再被使用。

用表格的形式列出資訊，也可以幫助將「人才加速儲備庫」的成員劃分成幾個層次。縱覽這些候選人和標準，經常能夠看出候選人之間自然的分化。無論這些層次的劃分是有意的還是無意的，數據的直觀表示總是能夠幫助企業確認判斷，避免重大的疏忽或錯誤。然而，我們並不建議把候選人減化到用一個總分或者各項指標的平均分來處理。兩個員工可以有同樣數量的S、P和D評級，但他們有著非常不同的潛質。每個員工都必須被區別對待，所有關於「人才加速儲備庫」的決定都必須由高管資源委員會的共識來做出，他們會把所有的選拔因素都納入進來，做一個通盤的考慮。

綜上所述，有效的人力資源部可以作爲潛在候選人有關資訊的獨立來源。另外，由於人力資源部擁有離職面談和員工態度調查等獨有數據，因此能夠更好地發掘那些可能在提名程序中被忽略的高潛質人才。在資深高管面臨艱難決定時，人力資源部也可以扮演諮詢小組的角色。

◎會議評審：做出最終決策

關於誰能進入「人才加速儲備庫」，最終要在高管資源委員會的會議上，根據人力資源部提供的背景資訊和提名推薦表來決定。

委員會的會議將對提名進行評估、討論、確認或是拒絕。一個堅強有力、準備充分、沒有偏見、受到廣泛信任的主持人非常重要，他可以確保討論集中在關鍵的選拔標準和行爲例證上。會議可以根據以下標準議程來進行，並事先通知與會者：

①評估會議議程和想要達到的結果(有多少「人才加速儲備庫」缺口要填補)。

②建立或重申會議規則。

③評估候選人名單，優先安排重點討論對象。

④對每個候選人進行深度討論，對於他們是否適合加入儲備庫做出初步的決定。

⑤匯總初步認可人選的暫定名單。考慮職能、文化、地域和性別的多元性，以及儲備庫成員組成結構的趨勢和普遍需要。

⑥最終確定「人才加速儲備庫」人選名單和相關文件。

⑦確保有一個和員工溝通最終決定的策略。

1. 管理候選人名單——優先安排重點討論對象

高管資源委員會有時要在有限的時間裏對太多的候選人和問題進行討論。但是，打斷或是縮減關於重要人選的討論就達不到預期目標。解決這個兩難局面的方法之一，就是使用預先確定的標準，對不同類型的候選人分配不同的討論時間。

可以將候選人分爲以下四類，用這種方法來決定討論對象的優先次序：

- 表現突出的候選人
- 有爭議的黑馬
- 邊緣線上的候選人
- 不太可能的候選人

很顯然，應該快速確定那些不太可能的候選人，以限制對他們的討論時間。大部分時間應該用於討論黑馬和邊緣線上的候選人。而那些表現突出的候選人，在比較各方面情況的時候會得到相應的評估。

2. 對候選人進行個別討論

精簡了最初的名單、區分了優先次序之後，對於候選人的

逐個實質性討論就開始了。其目的就是根據提名資料以及可以瞭解、觀察到的業績和數據來衡量每一位候選人的潛能。這種討論是提名會議最基本的部分。

圍繞單個候選人討論的深度非常重要。討論的結構取決於既有的支援性數據，但一般包括以下這些任務：

⑴評估該員工職業生涯的基本情況，包括相關的教育、經驗和人力資源文件資料。

⑵根據高管資源委員會確定的標準，討論現有的、對所有候選人來說都可以得到的資料，確認員工擁有什麼樣的準備程度和動機可以加入「人才加速儲備庫」。

⑶考慮戰略角色任務或者導師匹配。確定具體的任務要在決定培養的優先發展事項之後，但是此時簡短地討論一下如何滿足發展需求，可以幫助高管資源委員會採取現實的態度，認識到如何才能幫助未來的儲備庫成員。

如果儲備庫的新成員沒有經過加速發展中心的評估，委員會應該推薦用其他深度評鑒來進一步診斷其發展機會。

做出接受候選人進入「人才加速儲備庫」的初步決定(按候選人對儲備庫的合適程度進行分類)。

3. 考慮多元化因素後再確定最終人選

列出初步的選拔結果，然後評估其正確性、一致性，以及文化、性別、職能和地域的多樣性，同時也要評估其是否符合企業戰略。例如，如果一個企業的未來依賴於向電子商務的轉型，就應該推薦能夠在這個領域增加價值的員工。

4. 確認並實施溝通戰略

高管資源委員會的決定必須與被選人「人才加速儲備庫」的成員進行溝通，同樣也要與支援他們的人進行溝通。委員會應該派一位成員(或是人力資源代表)邀請每位候選人進入「人才加速儲備庫」，概述加入儲備庫帶來的利益、責任和期望，以及今後的培養步驟。從本質上說，與儲備庫候選人交流的人承擔著招募他們進入「人才加速儲備庫」的責任。但是，招募人應該描述現實的期望，而不是誇大可能的機會。記住，員工有權選擇不加入儲備庫而無需承擔任何後果。一旦員工選擇加入「人才加速儲備庫」，委員會指派的代表也應通知該員工的直接主管(除非該員工很快就會調動)。這位主管將成爲加速該員工培養速度的關鍵盟友，因此，早點讓主管介入，積極尋求其幫助很有必要。

5. 為會議做好準備

很顯然，要優化會議時間，做出最佳決策，高管資源委員會成員爲選拔會議做好準備工作非常重要。然而，實際上委員會成員幾乎從來不做什麼準備。人力資源專家通常很難要求忙碌的高管們去做任何事，除了出席會議；事實上，人力資源部門經常試圖替高管們做準備工作。當然，這肯定行不通。儘管人力資源部門很適合推動流程的關鍵步驟、承擔行政性的準備工作，但他們不能決定那些員工最有潛質。

委員會成員必須非常熟悉被提名者，審查他們的職業生涯、以往的評鑒和業績資料，以及提名的基本原理和挑戰。如果委員會成員做好了這些準備，將會大大增強討論的深度、坦

誠和效率。

準備發出邀請

和儲備庫候選人溝通，不需要太複雜，但必須清楚。準備溝通的最好方法，就是考慮當員工得知自己被邀請參加儲備庫時可能會提出的問題。例如：

・我是怎樣被選進儲備庫的？用什麼標準來選擇？

・還有誰被選上了？

・誰知道這件事？我可以告訴誰？

・下一步是什麼？何時？

・我需要做什麼？

・我在培養的過程中如何得到幫助？

・如果我不想加入，將會怎麼樣？

・怎樣隨時瞭解我的工作進展？

・如果我開始一項培養計畫，是否會在我的本職工作中得到支持？

・我的老闆扮演什麼角色？

・我要在這個儲備庫中呆多久？

高管資源委員會必須能夠回答這些問題(以及其他跟具體企業相關的問題)。如果答覆互相矛盾，可能會讓成員失去信心。高管資源委員會在提名會議結束時應該進行討論，並就核心的溝通資訊達成一致。不可避免的是，候選人會提出一些目前還沒有答案的問題。這種情況下，臨時拼湊一個答覆是最糟糕的方法。正確的方法是承諾爲員工找到相關資訊，並採取行動兌現這個承諾。人力資源部在確保適當地解決這些問題時扮演了一個非常重要的角色。

6. 第二次機會

如果某個被提名的員工最終沒能進入「人才加速儲備庫」，其實也是塞翁失馬的好事。經理們會被提醒去更多地關心這些員工的發展，搜集更多關於他們的資訊，以便在下一次提名中爲他們創造更堅實的基礎。例如，經理可以讓員工參加培訓來使他們的能力更符合選拔標準，或者鼓勵員工利用多角度(360°)訪談獲得對其行爲的回饋。最重要的是，這一過程經常會讓更高階層的管理者直接觀察這些員工，以便更客觀地評價他們。

7. 僅僅發掘人才還不夠

所有繼任管理因素中，有關如何發掘高潛質人才的話題總是得到更多的實際關注。儘管程度不同，但幾乎每一個組織都有自己的人才發掘流程。有些企業在這方面花好幾個月，有些企業則只花幾分鐘。各個企業的人才挖掘流程有不同的名稱和特色，但是它們都有一個共同的目標：在企業內部尋找有領導才能的員工。

過去，人才發掘系統是年度接替規劃中最被強調的一項關鍵因素。一旦建立了一個有效的人才提名程序，大多數企業都認爲繼任管理系統已經建成。在選擇人才等同於培養人才這個錯誤的前提下，他們過分強調了提名的重要性。而真正成功的企業只是把提名程序看做繼任管理的第一步，接下來要迅速行動，把合適的人選培養成爲機敏靈活的領導人。

4

英代爾（INTEL）的領導力培訓

英代爾的 CEO 貝瑞特以及英代爾其他高層管理人員，對英代爾的領導力提出了一系列要求。這些要求包括：戰略的思想，商務執行能力，個人對公司的忠誠度，全球性的領導力——能夠領導分佈在全球各地的業務以及不同文化背景的員工。

首先，英代爾會找到並確定一些關鍵的位置，這些崗位上的人員是要重點培養的人員；然後去發現合格的接班人，尋找有潛力去勝任這些崗位的人，爲這些候選人提供一系列的領導力培訓計畫。

◎培訓課程與形式

圍繞著英代爾所提出的領導力要求，公司內部設有不同的培訓課程。至少包括：

如何成爲全球的領導者；

如何管理全球性的組織；

怎樣成爲一個戰略性的夥伴等等。

除了眾多英代爾公司內部的課程，還有許多外部培訓機會。英代爾與許多著名教育機構合作，滿足員工培訓的各種需要。公司與許多國際上著名的提供 EMBA 課程的教育機構合作，選派公司重點培訓與發展的員工，去參加 EMBA 培訓。

除了眾多課堂學習培訓之外，還通過許多動手、實踐的機會培訓員工。公司爲候選人指定一名資深的管理者，這個管理者會爲被培訓者提供許多案例的分析，讓被培訓者去具體分析這些案例，探究怎樣解決問題。被培訓人要彙報對案例的分析與解決的結果，由此來瞭解被培訓人是否從培訓計畫中得到了所要求的領導技能。

◎教練制（Mentor）

除此之外，英代爾還有許多計畫與措施來進行領導力培訓，比如 mentor 制，即導師或教練制，公司指定有經驗的資深人士與高層主管作爲被培訓人的教練或夥伴，一對一進行結對，由比較有經驗的人爲員工提供管理諮詢，達到培訓員工、提高員工綜合領導力的目的。

◎職位輪換與跨國工作

英代爾還通過崗位的調動、職位的輪換來發展員工的領導力。

作爲一家高度國際化的跨國巨頭，英代爾非常重視通過跨

國工作輪換來培訓員工的國際化工作技能與領導能力，派遣有潛力的管理者到其他國家工作一段時間，鍛鍊他們的跨文化管理能力。

◎「二位一體」(Two in one Box)

英代爾還在公司中施行一種「二位一體」任命計畫。「二位一體」即在同一個職務同時任命 2 名經理人，一名是職位操作者，另一名主要是給他實習、鍛鍊的機會，培育其快速成長爲合格、未來的英代爾經理人。

第五章

選擇接班人的關鍵是什麼

1

可口可樂的企業文化「接力棒」

企業文化是一種管理文化，是解決影響企業本身業績的深層原因。管理文化能持續發展的企業，一定會宣導自己所信奉的價值觀，並且要求這些價值觀能成爲員工的價值理念，爲企業全體員工所認可、遵守並努力實踐。這種價值觀如體現在企業的每一個成員身上將成爲大家的行爲準則，如體現在企業的經營戰略上就會影響企業的發展方向。因此，企業文化猶如企業的血液樣滲透到企業的方方面面，並不斷地爲每一個部門的新陳代謝輸送養分。它是企業長久發展的動力，是企業的靈魂。

◎企業文化要傳承

可以說，一個企業真正有價值、有魅力、有未來的東西不是產品，而是這個企業的文化。所以，企業接班人在繼承企業領導權力的同時，更應該傳承企業文化。尤其是一個優秀的公司，其卓越的企業文化不僅已經在內部員工中深入人心，更在消費者心目中被廣泛接受。因此，新的接班人只有繼承了公司的企業文化，才能在此基礎上展開一切領導活動，也才有可能

將公司的未來發揚光大。

◎可口可樂的沉浮

可口可樂公司是一個注重企業文化的公司，而這種文化又在其繼任者手中不斷提升。

可口可樂這個品牌強調激情、活力、品質、服務，這是可口可樂顯著的企業文化，這些理念都已經貫徹到每一個員工，讓員工發自內心地認可，真正變成自己的價值觀。然而，可口可樂真正的文化核心是一種美國文化的闡述，是一種美國精神的擴張。

首先實現可口可樂這種文化核心的是伍德魯夫，他也是把可口可樂飲料推向國際市場的第一功臣，他確立的行銷理念就是「要讓全世界的人都喝可口可樂」。當時正處於「二戰」時期，戰事影響了美國經濟，也使可口可樂陷入困境，但伍德魯夫從前線的老同學那裏得到了一個重要的資訊和契機，他得知前線的將士非常喜歡喝可口可樂這種飲料，就決定把前線當作企業的一個行銷陣地。伍德魯夫首先展開宣傳攻勢，公開宣傳可口可樂對前線將士的重要不亞於槍彈，並親自制定宣傳綱要。這個宣傳攻勢收到了極佳的效果，最後連美軍駐紮的地方，每一個戰士都能以 5 美分喝到一瓶可口可樂。這一供應計畫的全部設備和經費，國防部將給以全力支持。

伍德魯夫的宣傳攻勢和行銷戰略很快贏得了極大的成功。可口可樂的名字很快傳遍了全世界。伍德魯夫不愧是一個極其精明的商業奇才，他懂得文化對人的影響力，要緊緊地、永久地抓住消費者，沒有深層的文化力來推動是不行的。所以他巧妙地把企業的行銷同美國精神結合起來。

對美國人來說，當他遠在異國他鄉時，看到當地隨處可見的可口可樂那熟悉的招牌，幾乎就像是得到了一張回國機票一樣，感到異常親切；即使在美國本土一家貨棧的可口可樂看板儘管在無數個盛夏的熱流衝擊下已經褪色，卻能把一個美國人帶回到他的童年時代，可口可樂能讓他想起高校橄欖球賽，一級方程式賽車及週末野餐。這在很大程度上應歸功於可口可樂的鋪天蓋地的廣告宣傳。可口可樂爲贊助奧運會，一次便是1600萬美元。再加上它在電視中的不斷露面，可口可樂的商業運作從另一種意義上說是在創造一種美國文化和美國精神。使它成爲美國人心目中有著赫赫歷史的名牌，它已經成爲美國的一種象徵。

1985年，伍德魯夫完全退出了他在可口可樂公司的權力高位，同時，他也痛苦但迫不得已地撤銷了曾精心挑選出的接班人保羅・奧斯丁執行總裁的職務。在排除了奧斯丁後，魯道夫把戈伊蘇埃塔招到辦公室，他問了這位48歲、出生於古巴的化學工程師一個問題：「戈伊蘇埃塔，願意來管理我的公司嗎？」戈伊蘇埃塔——這位文質彬彬的拉美貴族後裔，答道：「伍德魯夫先生，我很榮幸。」

這樣，戈伊蘇埃塔就成了可口可樂的新任領導者。可以說，從20世紀80年代中期至1993年，戈伊蘇埃塔的主要業績就是把可口可樂的股票價值從40億美元升至560億美元。可口可樂

已成爲美國文化的象徵。

在戈伊蘇埃塔就任時，可口可樂國際化的道路已經走了很長時間。二戰時爲美國官兵提供飲料的決定是伍德魯夫時代的重大事件，這爲可口可樂國際化的道路打下了堅實的基礎。此後，奧斯丁對國外投資的熱衷也進一步推動了可口可樂的國際化進程。但是，在戈伊蘇埃塔以前，可口可樂帝國猶如一條鬆散的鏈子，鏈子上的各個環節像是一個個獨立的封地，各自爲政。這使得可口可樂公司無法控制海外裝瓶商發展。戈伊蘇埃塔是這樣描述他在接手時可口可樂的企業文化的:「可想而知，這是很不專業的。我們只是在搬運裝瓶商的旅行包。而如今呢？我們一度不是扮演啦啦隊長，便是扮演批評家。而現在，我們已成爲隊友。」可見，這位繼伍德魯夫之後的又一位優秀的領導人，將其企業文化再次提升到了一個高度。

2

麥當勞的格林伯格決策

麥當勞是世界著名的速食品牌，創建於 1955 年。在長期的經營實踐中，麥當勞公司總結提煉出來的企業經營理念是企業成功的法寶，這個經營理念用公式爲：Q+S+C+V。其中：Q 指品質(Quality)，表示公司向顧客提供高品質的食品；S 指服務

(Serve)，表示公司向顧客提供一流的服務；C 指清潔(Clean)，即保持環境的清潔衛生；V 指價值(value)，即向顧客提供更有價值的高品質物品。麥當勞就是以其獨特，始終如一的經營理念將近萬家連鎖店分佈於世界各地。

麥當勞公司雖然是由麥當勞兄弟創建，但卻在洛克手裏發揚光大，1998 年，格林伯格作爲第五任繼任者，開始掌管麥當勞。

格林伯格的溫文爾雅與和藹可親曾經使他成爲麥當勞歷任掌門中最受公司員工支持的一位，然而他卻沒能像他的前任們那樣載譽而歸。2002 年，麥當勞第四季度財政出現了每股 5~6 美分的虧損。這是麥當勞上市 36 年來的第一份打上虧損烙印的季度財務報表。

1998 年，格林伯格上任後，麥當勞一改強調本部監控的慣例，開始致力於與特許經營商們建立比較鬆散自由的關係。在他的努力下，特許經營店現在佔了整個麥當勞速食連鎖店數量的 3／4，他們擁有了比以前更多的自主權，可自由做出從市場行銷到具體功能的一系列決策。

這一改革確實適應了麥當勞的擴張速度，平均每 17 個小時開辦一家分店。但隨後問題也接踵而來。麥當勞的顧客滿意度卻直線下降，在 2~3 年的一次顧客滿意度調查中，一直以來穩居榜首的麥當勞竟跌到了競爭對手漢堡王、溫蒂之後。麥當勞的市場佔有率有降無升，失望的消費者不但紛紛轉向麥當勞的競爭對手，更糟的是，很多咖啡店和熟食店也來插一腳，搶走了不少客人。

不僅如此，格林伯格還開始在全美的麥當勞連鎖店對廚房系統進行大換血。這套名爲「爲您定做」新系統，這套系統由高性能電腦處理訂單，還包括了諸如快速烤爐、自動控溫的「啓動區」等眾多技術先進的設備、這些設備改變了過去批量製作而後在暖光燈下保溫，或在微波爐裏加熱麵包和牛肉餅的備餐方式。

格林伯格希望通過這套對於顧客來說更爲人性化的系統，向顧客提供更多的選擇，從而挽回麥當勞食品的聲譽。但是事實證明，這一項耗費 1.8 億美元的投資是個巨大的失敗，由於改成按單定做，備餐速度從原來麥當勞引以爲豪的 30 秒延長到 2~3 分鐘。在午餐的高峰時段，人們甚至要等上 15 分鐘才能拿到自己需要的食物。在速度至上的速食業，這簡直就是在爬行，而對連鎖店來說則是致命的。「街對面的工廠下班鈴響了之後，你必須得有足夠的東西應付同時出現的 100 多工人」，一個加盟商說：「這套新系統根本做不了這個。」

新系統不但沒有成功，還帶來了額外的成本，導致了單位時間銷售額的下降，失敗幾乎是必然的。

而除了上述兩種失誤外，麥當勞的虧損很大程度上來自於由它自己發起的價格戰。格林伯格曾推出「1 美元特價」活動，從而引發了行業內的殘酷價格競爭，漢堡王、溫蒂紛紛應戰，直接導致了各自利潤的滑坡。這次活動雖然使更多的顧客湧入麥當勞購買「1 美元漢堡」，但是這卻是以麥當勞的其他產品滯銷爲代價的，結果顧客在麥當勞的平均消費額大幅下跌。

格林伯格的決策失敗是有外部的原因的：其一，速食業競爭環境的惡化。在美國，速食市場的競爭已經達到了白熱化的地步，市場容量有限，但經營者的分店卻越開越多。其二，人們生活方式的返樸歸真。尤其是在發達國家，一些有識之士開始反思大工業時代所遺留下來的生產方式和生活方式，以麥當勞為代表的速食文化，成為反思的對象之一。因為速食而導致的社會同一化、擴大貧富差距、刺激肥胖症等問題的相關討論和思考，顯然給麥當勞帶來不可估量的損失。其三，消費者健康問題。營養學家表示，漢堡包、薯條、可樂之類的速食只是方便食品，而不是營養食品。這些食品的共同特點是價格便宜、熱量高，「一吃就飽，一飽就胖」，影響人的健康。

然而，這一切都是客觀原因，麥當勞在這一時期經營不善的主要原因在於格林伯格弱化監控的改革，它動搖了麥當勞這公司的經營理念——Q+S+C+V。這一經營理念是當年將麥當勞發展壯大的克勞克提出的，克勞克認為便宜、簡單、品質不變是速食業生存發展的基礎。在克勞克的領導之下，麥當勞公司對生產漢堡包的每一具體細節都有詳細的規定和說明。經營麥當勞分店的人員必須先到麥當勞「漢堡包大學」培訓，得到「漢堡包」學位之後才可開始營業。而格林伯格上臺之後，一直大力推行針對客戶的多樣化方案，弱化了麥當勞一直引以為豪的管理觀念——「麥當勞化」，所以最終導致了失敗。

在格林伯格一連串的失誤之後，麥當勞內外充滿了要求更換 CEO 的呼聲。2002 年 12 月 5 日，格林伯格迫於壓力，正式宣佈辭職。麥當勞公司董事會隨即任命已退休 8 個月的吉姆・坎塔盧波擔任麥當勞董事長和首席執行官。

3

杜邦家族的領導方式

美國杜邦集團公司是世界最大的化學公司，也是美國最古老、最有權勢的巨型企業之一。歷史上的杜邦家族是法國王室貴族，1789 年在法國大革命爆發，老杜邦帶著兩個兒子伊雷內和維克托逃到美國。1802 年，伊雷內兄弟在特拉華州布蘭迪瓦因河畔建起了火藥廠。由於伊雷內在法國時是個火藥配料師，與他同事的又是法國化學家拉瓦錫，加上美國歷次戰爭的需要，就這樣，工廠很快站住了腳並發展起來。

杜邦建立至今，已經 202 年歷史了。在這 202 年中，企業的組織機構屢經變革、管理制度不斷創新，正是這種變革和創新，往往在開始使杜邦在家族管理出現危機、公司陷入險境時，但最後總還會令杜邦重新獲得生機，並且支撐了杜邦的百年基業。

◎單人決策式經營

在杜邦公司起初成立的 19 世紀，基本上是單人決策式經營，這一點在亨利這一代尤爲明顯。

1834 年，伊雷內去世，其遺產由七位兒女共同接管。伊雷內的兒子亨利是軍人出身，他管理杜邦公司近 40 年，由於接任公司以後完全是一套軍人派頭，所以人稱「亨利將軍」。在亨利任職期間，他揮動軍人嚴厲粗暴的鐵腕統治著公司，並實行了一套被稱爲「凱撒型經營管理」的管理方式。這套管理方式實際上是經驗式管理，它無法傳喻，也難以模仿。公司的所有主要決策和許多細微決策都要由亨利親自制定：所有支票都得由他親自開，所有契約也都得由他簽訂；他一人決定利潤的分配，親自週遊全國，監督公司的好幾百家經銷商；他全力加速賬款收回，嚴格支付條件，促進交貨流暢，努力降低價格；在每次會議上，總是他發問，別人回答。

單人決策式管理使杜邦公司得到了很好的發展，亨利接任時，公司負債高達 50 多萬美元，但亨利後來卻使公司成爲行業的首領。

應該說，在亨利的時代，單人決策式的經營基本上是成功的。這主要是因爲：其一，公司規模不大；其二，經營產品比較單一，基本上是火藥；其三，公司產品品質佔了絕對優勢，競爭者難以超越；其四，市場變化不甚複雜。

單人決策這個創新的管理制度之所以取得了很好的效果，與「亨利將軍」的非凡精力也是分不開的。直到 72 歲時，亨利仍不要秘書的幫助。而亨利作爲杜邦公司的第二代繼任者，可以說出色地完成了他繼承、發展公司事業的任務。

◎集團式經營

亨利死後，其侄子尤金成了杜邦公司的第三代繼承人。尤金掌握舵位後，他試圖承襲其伯父的作風，採取絕對的控制來經營公司，親自處理細枝末節，親自拆信復函，但他終於陷入公司的錯綜複雜的矛盾之中。

1902 年，尤金猝然去世，這時他既沒有培養合適的接班人，也沒有留下任何遺言。此時杜邦公司已經成立 100 年，公司何去何從？由誰接管？都是未知的，家族上下一片混亂。更糟糕的是，杜邦的合夥者也都心力交瘁，兩位副董事長和秘書兼財務長相繼累死。這不僅是由於他們的體力不勝負荷，還由於當時的經營方式已與時代不相適應。

正當公司瀕臨危機、無人敢接重任、家族擬將公司出賣給別人的時候，從家族的非嫡系成員中，走出了一個力挽狂瀾的人物——32 歲的皮埃爾・杜邦。

杜邦家族曾在尤金死後就公司的走向舉行了會議，在最後表決的時刻，主持人認爲：全部家當如果賣掉的話，值 1200 萬美元。如果各人拿著分得的錢去存銀行，利息低得可憐。不如把它按 2000 萬美元抵押給家族的某個人，這個人按銀行的利息付給各位股東利息。這當然是划算的，大家紛紛同意。於是，杜邦家族的非嫡系成員——皮埃爾・杜邦買下公司，當上了新的總裁。

皮埃爾走馬上任後果斷地拋棄了亨利的「愷撒型經營管

理」，創新性的精心設計了一個集團式經營的管理體制。這是當時第一家把單人決策改爲集團式經營管理的公司。公司還建立了預測、長期規劃、預算編制和資源分配等管理方式。在管理職能分工的基礎上，建立了製造、銷售、採購、基本建設投資和運輸等職能部門。在這些職能部門之上，是一個高度集中的總辦事處，控制銷售、採購、製造、人事等工作。

在集團經營的管理體制下，由於權力高度集中，實行統一指揮、垂直領導和專業分工的原則，所以公司秩序井然，職責清楚，效率顯著提高，大大促進了杜邦的發展。

皮埃爾不僅在管理體制上進行創新，他上任後聽取了拉斯科布的建議，收購了雷伯諾化學公司和東方火藥公司。20 世紀初，杜邦公司在龐大的火藥市場上，已經擁有 75%的佔有率，而黃色火藥的佔有率杜邦公司已佔了 100%。龐大的杜邦帝國已經開始成形了。

在對待人才上，皮埃爾也頗爲成功。皮埃爾任人唯賢，對拉斯科布異常器重，讓他掌管公司的財務大權。對其他優秀的青年人，皮埃爾也大力提拔，先後網羅了大量的來自哈佛、耶魯、賓夕法尼亞大學以及他的母校——麻省理工學院的青年才俊，安排在他的研究機構中。

皮埃爾在杜邦帝國起著承前啓後的作用，可以說，杜邦公司能夠存在至今，皮埃爾功不可沒。由皮埃爾買下公司的這一做法，開創了著名的「杜邦模式」，即打破家族內部嫡系人物領導企業的局面。

◎「三頭馬車式」體制

20 世紀 60 年代，杜邦已經是實力非常強大的公司，但在內部管理和外部經營上，依然接二連三地遇到了難題：過去許多產品的專利權紛紛期滿，在市場上受到日益增多的競爭者的挑戰；道氏化學、孟山都、美國人造絲、聯合碳化物以及一些大石油化工公司相繼成了它的勁敵。以至於 1960 至 1972 年，在美國消費物價指數上升 4%、批發物價指數上升 25%的情況下，杜邦公司的平均價格卻降低了 24%，這使它在競爭中蒙受重大損失。再加上杜邦公司掌握了多年的通用汽車公司 10 億多元股票被迫出售，美國橡膠公司轉到了洛克菲勒手下，公司又歷來沒有強大的金融後盾，真可謂四面楚歌，危機重重。

1962 年，公司的第十一任總經理科普蘭上任，他被稱爲危機時代的起跑者。科普蘭爲公司制定的經營戰略是：運用獨特的技術情報，選取最佳銷路的商品，強力開拓國際市場；發展傳統特長商品，發展新的產品品種，穩住國內勢力範圍，爭取巨額利潤。

科普蘭制訂的這個戰略是非常符合當時杜邦的處境，然而要轉變局面決非一朝一夕之功，這是一場持久戰。爲了使新的經營方針能夠順利實施，必須有相應的組織機構作爲保證。除了不斷完善和調整公司原設的組織機構外，1967 年底，科普蘭把總經理一職，在杜邦公司史無前例地讓給了非杜邦家族的馬可，財務委員會議議長也由別人擔任，而自己專任董事長一職，

以此形成了一個「三頭馬車式」的體制。1971 年，又讓出了董事長的職務。

杜邦公司是美國典型的家族公司，公司幾乎有一條不成文的法律，即非杜邦家族的人不能擔任最高管理職務。甚至實行同族通婚，以防家族財產外溢。而科普蘭的改革卻把這些慣例大刀闊斧地砍去。不能不說是一個重大的創新。杜邦公司雖然一直是由家族力量控制，但是董事會中的家族比例越來越小。在龐大的管理等級系統中，如果不是專門受過訓練的杜邦家族成員，已經沒有發言權了。因此，科普蘭的這一改革無疑具有重大的意義。

不僅如此，當時，企業機構日益龐大，業務活動非常複雜，最高領導層工作十分繁重，環境的變化速度越來越快，管理所需的知識越來越高深，實行集體領導，才能做出最好的決策。在新體制下，最高領導層分別設立了辦公室和委員會，作爲管理大企業的「有效的富有伸縮性的管理工具」。科普蘭自己也認爲：「三頭馬車式」的集團體制，是今後經營世界性大規模企業不得不採取的安全設施。」

可以說，杜邦公司的成功，與其管理制度創新有著密切的關係。從單人決策式管理到集團式經營再到「三頭馬車式」體制，杜邦公司每一代繼任者的創新管理無不走在其他公司的前列，而管理領域的創新同時也帶動了其他領域的創新，使杜邦的業務得到了良好的發展。

例如，過去，杜邦公司是向聯合碳化物公司購買乙炔來生產合成橡膠等產品的，而到了 20 世紀 60 年代後，它自己開始

廉價生產，使聯合碳化物公司不得不關閉了乙炔工廠。在許多化學公司擠入塑膠行業競爭的情況下，杜邦公司另外找到了出路，向建築和汽車等行業發展，使 20 世紀 60 年代每輛汽車消耗塑膠比 50 年代增加 3~6 倍，20 世紀 70 年代初，又生產了一種尼龍乙纖維，擠入了鋼鐵工業市場。

4

選擇接班人的人員評估

◎你的評估標準

對企業接班人候選員工的評估是公司接班人計畫的重要一環。其評估標準可以包括兩個方面：

⑴性格特點及溝通能力

員工的性格特點是能否擔任未來工作的最重要、最關鍵因素之一。對於這一點，人力資源部門可以運用公司的核心職能作爲評估的基礎，並且長期的追蹤其對上與對下之溝通與協調之能力。

⑵學習能力，發現、培養人才的能力

對於繼任者而言，如果缺乏不斷學習的態度和不斷創新的意識，將不會是一位優秀的接班人，所以人力資源部門必須長期建立個人學習計畫，並擔任講師，對繼任者的學習情況做一個具體的評估。

A 君是某名牌大學電腦專業畢業的碩士研究生，今年 28 歲。畢業才一年，他就換了兩次工作。A 君畢業後的第一份工作是在一家小型軟體公司從事軟體設計工作，但只工作了一年。理由很簡單：三年他每天都是這樣對著電腦寫程序，日復一日，已經到了麻木的程度，在電腦前已經沒有了靈感與激情。

辭職後，A 君應聘過其他行業的不少職位，也參加了一些企業的面試，但無一例外地由於他的專業與學歷，招聘單位擔心留不住他，都建議他最好還是從事與專業相關的軟體發展工作。再加上父母的勸說，A 君只好又重操舊業。

於是，三個月後，A 君又不得不進入了一家 IT 企業，命運似乎在與他開了一個小小的玩笑，他的工作仍然是程序開發，所不同的只是公司的辦公環境發生了改變，從原來一家小的軟體公司換到了位於市中心的一家頗具規模的公司。

進入公司才兩個月，由於內部人才流動，A 君被提升為項目經理，但他非常清楚，自己對本職工作已經越來越厭倦，甚至有時為了逃避而藉故請假。半年後，A 君再一次主動放棄了已擁有的工作。

辭職後，A 君在家一待就是幾個月，一次他突然在網上看見一家著名的 IT 公司在招聘客戶服務部經理，他於是隨便投了份簡歷，沒有想到這家公司還真的通知他去筆試了。

這家公司真不愧為國內頂尖 IT 公司，有一套完善的人才招聘制度。第一輪的筆試當然沒有難住 A 君，他順利通過了。然

後當場進行第二輪的人才測試。結束了第二輪的人才測試，這家公司的人力資源部門人員發現，A 君不但專業知識非常棒，而且他的性格外向、熱情開朗、喜歡從事與人交往的職業，樂於幫助別人解決難題，有較強的同情心。於是，人力資源管理部門的人員告訴 A 君，三天之後來公司接受最後的面試。

最後面試 A 君的是一個微胖的中年男人——公司的客戶總監陳淼。他們面對面深入地交談了 1 小時，結果陳淼總監發現：A 君有著很強的溝通能力、善於語言表達，而且也有很強的邏輯思維能力，但是他對與機器、工具打交道的工作嚴重缺乏興趣。通過與 A 君的進一步交談，陳總監還瞭解到：A 君從高中開始到讀研究生期間，一直擔任校學生會的幹部，並且在班裏擔任生活委員時，由於工作出色，曾得到同學們的高度評價並且多次連任。他之所以在高考時報讀電腦專業，是由於聽從了父母的勸說，父母認為學好電腦，將來更容易找工作。客戶總監有了這些瞭解，認為 A 君在客戶服務總監這個職位上的潛力非常大，所以便果斷的錄用了他。

現在 A 君的工作狀態，不再像前兩份那樣無精打采的，反而他每天都沉浸在快樂的工作申，覺得自己有渾身使不完的勁。而他的工作業績也一直攀升，把客戶服務部的工作打理的井井有條。

從這個例子，我們可以充分看到個人潛力對一個人工作的重要性。只有良好的個人工作潛力，員工才能在這個職位上發揮自己的特長，爲公司和自己創造雙向的利益。

1. **績效評估**

績效評估既是一種正式的員工評估制度，也是企業管理者與員工之間的一項管理溝通活動。績效評估是運用一整套系統的方法、原理來評定和測量員工在職務上的工作行爲和工作成果。績效評估的結果可以直接影響到員工的薪酬調整、獎金發放及職務升降等。

在績效評估時，企業要根據自己本身的特點建立有效的評估體系，還要把握一定的原則。

(1)績效評估體系應與公司的企業文化和管理理念相一致。績效評估的內容實際上就是對員工工作行爲、態度、業績等方面的要求和目標，它是員工行爲的導向。考評內容是企業組織文化和管理理念的具體化和形象化。因此，在考評內容中必須明確：企業鼓勵什麼，反對什麼，給員工以正確的指引。

(2)績效評估要有側重。績效考評內容不可能涵蓋該崗位上的所有工作內容，爲了提高考評的效率，降低考核成本，並且讓員工清楚工作的關鍵點，考評內容應該選擇崗位工作的主要內容進行考評，不要面面俱到。

(3)績效評估的內容要有價值。績效考評是對員工的工作考評，其內容要有價值，對不影響工作的其他任何事情都不要進行考評。譬如員工的生活習慣、行爲舉止等內容不宜作爲考核內容，否則會影響相關工作的考評成績。

爲了使績效評估更能反映員工的能力，儘量使績效評估建立在量化的基礎上，而不能是模糊的主觀評價。如果企業的業務是銷售性質的，則可根據員工的銷售額和銷售利潤來建立量

化的評估體系；如果企業的性質是生產型的，則需要根據不同的崗位所承擔的不同的生產任務和合格率等設計評估體系。

一項好的評估體系一定要達到這樣的目標：可以鼓勵員工努力工作；評估人可以操作，而被評估的人員也可以接受。實際上，同時達到這個目標是很難的。也許人力資源費盡心血設計的一套評估體系，結果誰都不滿意。這就要求在設計績效評估體系之前一定要考慮好準備達到的目標，尤其這個評估對象是企業或者某個職位的接班人，更是如此。

□ 360° 績效評估

爲了有效且公平的評估出真正的接班人，人力資源人員可以採用 360° 績效評估工具對繼任者的每位候選人進行評估。360° 績效評估能爲企業提供一個有效的途徑，以獲得更加有用的員工績效資訊。

與傳統的上司對下屬的績效評估方法截然不同，360° 評估不是讓某一個人做出獨立判斷。而是更多的扮演陪審團的角色，那些真正每天與員工打交道的人，提供了一個評判該員工的資訊庫，這個團體由企業內部和外部的客戶組成，內部客戶包括：上司、上層管理者、下屬、同級員工，以及與被評估者有接觸的來自其他部門的代表。外部客戶包括：客戶、供應商、諮詢員和政府官員。

360° 評估最大的好處是：包含了一系列的客戶的回饋意見。因爲客戶提供的回饋意見是一個全新的、獨一無二的視點，這爲企業人力資源管理部門帶來了更加全面的員工績效。

20 世紀 90 年代，公司內部趨於扁平化結構，經理們的控制範圍的增加，他們對員工的評價的可信度也相應地降低，不像主管，內外客戶對於員工的工作更加熟悉，評價也更爲公正，所打得分也更加有根據。所以，這個時候 360° 績效評估扮演了重要的角色。

◎工作分析

從一個公司制定接班人計畫開始，到確立職位模式、再到對候選人進行培訓以及人員評估，我們可以發現，人力資源管理部門在整個接班人計畫中扮演著非常重要的角色，除了提供公司辨別、評估、發展具高度潛力的領導者的方法和工具之外，也是管理階層的策略性夥伴。而我們現在提到的工作分析更是人力資源管理的基石、是對繼任者候選人評估的關鍵。

所謂工作分析，是指對某個特定的工作做出明確規定，並確定完成這項工作需要有什麼樣的行爲的過程。工作分析分爲兩部分，一是工作描述，一是工作說明書。其中，工作描述具體說明了工作的物質特點和環境特點，主要包括以下幾方面：職務名稱，工作活動和工作程序，工作條件，社會環境及聘用條件；而工作說明書則是指要求從事某項工作人員必須具備的生理要求和心理要求，如年齡、性別、學歷、工作經驗、健康狀況、體力、觀察力、事業心、領導力、反應能力等。

1. 工作分析的重要性

當企業處於創業階段時，接班人計畫的重要性還沒有顯現出來。但隨著企業迅速發展，業務不斷擴大，規模不斷增大，

企業人數不斷增加，部門也開始增多起來，這樣企業就有必要做一個詳細的接班人計畫了。最基本的就是，對於各個部門領導者的任命，應該有一定的程序、規則可依。

同時，企業發展到一定程度時，通常你會發現，雖然業務額提高了，但企業的綜合利潤卻在不斷減少，同時員工的工作效率開始下降。這是一個企業的危險信號，是企業在發展的一個必經的「涅槃」的階段。順利渡過，則企業進入另外的一個平臺繼續發展；否則有可能從市場的競爭中出局。

在出現以上的情況時，很多企業希望通過業務進一步擴張，獲得利潤的提升。然而，這可以說是治標不治本的方法，只能從短期上取得一定的效應。重要的是應該從企業自身挖掘問題。

在企業「原始積累」階段，人員精幹，各個都具備較高的綜合能力，同時人數少，部門少，溝通、協調起來都很容易，不存在管理上的問題。但到企業高速發展階段由於企業擴編，人員關係複雜，相應地，一系列問題也就浮出水面，比如：溝通出現困難、內部資訊缺乏交流、績效考核不公正等等。利潤下降，工作效率低下成爲必然的結果。

此時，企業需要在保持業務不斷擴大的同時，做好企業員工的工作分析，打好企業人力資源管理的基礎。在此基礎上，企業才可能順利進入招聘人員，培訓員工，實施績效考核，建立薪酬體系的階段，才可以設計完善的接班人計畫，最終實現企業人力資源的全面調控。

2. 工作分析的步驟

工作分析的過程就是對工作進行全方位評價的過程，一般分爲四個階段，即準備、調查、分析、完成。

⑴準備階段。在這一階段中，人力資源部的工作人員要向員工宣傳工作分析的作用、意義，並且與相關的員工建立良好的人際關係。而且人力資源部門內部要組成工作小組，分工負責與協作，制定工作進度表；確定調查和分析對象的樣本，同時考慮樣本的代表性。以銷售經理爲例，一方面企業內部對銷售經理的工作內容比較瞭解，易發表意見，另一方面幾乎每個競爭者都有相同的職位，那麼通過兩方面的衡量、比較，就容易確定該銷售經理在企業內工作分析的具體參數。

⑵調查階段。這一階段的內容主要包括：編制各種調查問卷和提綱；收集有關工作的特徵及需要的各種數據，如規章制度、員工對該崗位的認識等；針對具體的對象進行調查，如面談、觀察、參與、實驗等，比較方便的是通過電腦問卷；重點收集被調查員工對各種工作特徵及其重要性及發生頻率等的看法，做出等級評定。

⑶分析階段。這一階段的主要任務是對有關工作特徵和工作人員的調查結果進行深入全面的分析。具體工作有：仔細審核已收集到的各種資訊；創造性地分析、發現有關工作和工作人員的關鍵成分；歸納、總結出工作分析的必須材料。

⑷完成階段。這一階段的任務是指根據規範和資訊編制工作描述和工作說明書。

3.工作分析的方法

人力資源部門在進行工作分析時，可有多種方法，這裏我們只介紹三種：

⑴問卷法。問卷法是一種比較直接的工作分析方法，具體就是讓有關人員以書面形式回答有關職務問題的調查方法。通常，問卷的內容是由工作分析人員編制的問題或陳述，這些問題和陳述涉及實際的行爲和心理素質，要求被調查者對這些行爲和心理素質在他們工作中的重要性和頻次(經常性)按給定的方法作答。

規範化、數量化是問卷法的最大優點，問卷法適合於用電腦對結果進行統計分析。但它的設計比較費工，還不能面對面地交流資訊。因此，不容易瞭解被調查對象的態度和動機等較深層次的資訊。問卷法最顯著的兩個缺陷就是：不易喚起被調查對象的興趣；不能獲得足夠詳細的資訊，除非問卷很長。

⑵訪談法。訪談法是一種常用的工作分析方法，具體就是與擔任有關工作職務的人員一起討論工作的特點和要求，從而取得有關資訊的調查研究方法。由於訪談法被訪問的對象是那些最熟悉這項工作的人。因此，認真的訪談可以獲得很詳細的工作分析資料。

在工作分析時，人力資源部門可以先查閱和整理有關工作職責的現有資料。在大致瞭解職務情況的基礎上，訪問擔任這些工作職務的人員，一起討論工作的特點和要求。同時，也可以訪問有關的管理者和從事相應培訓工作的教員。

當然，在訪談時，有個別的被訪談者會有意無意地歪曲其職位情況。比如：把一件容易的工作說得很難或把一件難的工作說得比較容易。這就需要訪談時注意修正偏差，和多個同職者訪談所搜集的資料對比加以校正。

(3)觀察法。有些人力資源管理部門的研究者們主張採用觀察法對工作人員的工作過程進行觀察，記錄工作行爲的各方面特點，同時瞭解工作程序、工作環境和體力消耗等等。觀察時，可以用筆錄，也可以用事先預備好的觀察項目表，一邊觀察，一邊核對。在運用觀察項目表時，須事先對該工作有所瞭解。這樣，制定的觀察項目表才比較實用。

除了上述三種工作分析方法，人力資源部門還可以採取核對法、工作參與法、工作日記法、技術會議法、關鍵事件法等。

5

通用電氣的接班人計畫

1878 年，偉大的發明家愛迪生創建了通用電氣公司，這是 1896 年建立的美國道鐘斯指數公司中今天還倖存的惟一的一家上市企業。2003 年，通用電氣銷售達到 1342 億美元，連續 6 年被評爲世界上最受尊敬的企業，並且在 2004 年度的《財富》世界 500 強中排名第 9 位。

在通用電氣 126 年的歷史裏，包括 2001 年上任的總裁伊梅

而特，一共才有 9 位，他們幾乎都是從內部提拔。通用電氣基業常青的原因許多，但是其總能在不同的時期選拔最合適的領導者，這不能說不是通用電氣成功最重要因素之一。

通用電氣有嚴格的接班人計畫，所以其最高執行官通常都代表了西方管理實踐的最高境界。可以說，通用電氣的總裁的更迭不僅反映其重視接班人選擇，更是引導了世界管理理念從科學管理到人文管理的變革。

1. 雷吉 · 鐘斯——慧眼識才的提拔者

雷吉 · 鐘斯是通用電氣歷史上的第七任總裁，他曾是美國四任總統尼克森、福特、卡特和雷根的經濟顧問，在 1979 年和 1980 年，他被《華爾街報》等評為美國最受尊敬和最有影響力的人。

1939 年，雷吉 · 鐘斯加入通用電氣，他是個英國移民，在開始時從事審計工作，到 1968 年被提拔為 CFO，1972 年繼任 CEO。雷吉 · 鐘斯內向，喜歡數字，被公眾稱為英國「紳士」。

(1)「異類」管理者

20 世紀 80 年代以前，以美國為首的西方企業管理的主流是以數量和數據為基礎的科學管理，而雷吉 · 鐘斯則把科學管理理論的實踐推到了頂峰。在通用電氣大廈頂層，雷吉 · 鐘斯通過使用模型和數據運籌帷幄，而且很少與人交往。但是，20 世紀 70 年代末，日本製造業的迅速崛起，威脅了美國經濟。比如在汽車領域，1970 年，日本的汽車在美國市場的佔有率幾乎是零，但是，10 年後的 1980 年，日本汽車已經佔了美國 30% 的市場比率。同年，日本汽車廠商生產了 11 萬輛汽車，佔世界汽車市場的 28.5%，而且這個數字已經超過美國，成爲世界上最大的汽車生產國。1904 年，美國超過法國，成爲世界上最大的汽車生產國，而事隔半個多世紀後，美國第一次被其他國家超過。這一事實震驚了美國企業界。日本經濟的崛起和企業的成功同時也對西方管理理論提出巨大的挑戰，帶有東方人文精神的日本管理方法首次引起西方管理理論學術界的重視。20 世紀 70 年代末，一股「日本熱」席捲整個美國。

就在這樣的歷史環境下，雷吉・鐘斯意識到，作爲美國傳統製造行業的「老大」，通用電氣如果不力求變革，將面臨類似美國汽車行業的同樣命運。於是，在 1975 年，他開始選拔通用電氣接班人，到 1977 年，他把韋爾奇列入通用電氣接班人的競爭行列。

在通用電氣，韋爾奇一個人創建了通用電氣塑膠事業部，並把塑膠事業部發展成資產價值幾個億的公司，這充分證明了他的創新能力和變革精神，同時，由於他憎恨官僚，也在通用電氣系統裏贏得「異類」的管理者稱號。

⑵「機艙面試」

1978 年初，經過了 3 年多的考察，雷吉・鐘斯打算讓繼任人的競爭變得激烈起來。於是，便對 19 名候選人搞了一系列活動，稱之爲「機艙面試」。每位候選人都被單獨召來與鐘斯相見，誰也不知道爲了什麼原因而召見，每個人都得發誓保密。鐘斯把一個人叫進來，關上門，拿出煙斗，設法讓他放鬆一些。然後對他說：「聽我說，你和我現在乘著公司的飛機旅行，這架飛機墜毀了。誰該繼任通用電氣公司的董事長呢？」有些人想從

飛機殘骸中爬出去，可鐘斯說：「不，不行。你和我都遇難了。該由誰來做通用電氣公司的董事長？」一問這個問題，有些人好像被澆了一身冷水。這個會談一連持續了兩個小時，從中鐘斯瞭解到了很多事情，最主要的是：誰打算和什麼人合作，誰不喜歡什麼人。

韋爾奇當時去會見鐘斯時也感到害怕，因爲不知道會見的目的是什麼，其他的人也沒有透露。鐘斯問他：「對於推進公司的工作，你有什麼建議」。韋爾奇的回答是：「給人們更多的職權，讓人們敢想敢爲」。韋爾奇還用禮貌的詞語告訴這位首席執行官，這個地方「管得太嚴，太正規，太講究繁文縟節。」接下來，鐘斯問他：「公司發展成這麼大，是不是需要另外再任命一個總裁？」韋爾奇乾脆的回答說：「不需要，因爲那樣會把首席執行官應有的權利剝奪掉一部分。公司應當將權力集中在一個人手裏，另外有幾名副董事長就行了。」鐘斯感到，韋爾奇的回答是經過深思熟慮的。在第一次面試中，候選人要回答這樣的問題：除了他們自己外，他們願意選擇的 3 個人，並不要求按順序排名。當鐘斯要韋爾奇對其他候選人進行評價時，韋爾奇再次變得客氣、很禮貌地說：「名單上的人都非常好，」鐘斯問他：「誰最有資格？」「這還用說嗎，當然是我啦。」韋爾奇又乾脆地回答道。

經過第一次機艙面試，鐘斯將候選人人數壓縮到 8 人。3 個月後，又進行了一輪機艙面試。不過，這一次，大家預先都得到了通知。而且還帶來了大量的筆記材料。鐘斯把一個人叫進來，問：「還記得咱們在飛機裏面的對話嗎？」「啊，記得，」

然後他開始出汗了。「聽著，咱們這回同在一架飛機裏飛行，飛機墜毀了。我死了，你還活著。誰該來做通用電氣公司的董事長？」鐘斯特別要求候選人提出三個候選人的名字，作爲通用電氣公司董事長的候選人，他自己也可以成爲其中之一。有幾個沒有提出自己，另外幾個提出了自己的名字。提過自己名字的人就要回答這樣的問題：通用電氣面臨的主要挑戰是什麼？他準備怎樣應付這些挑戰？鐘斯還要求這些候選人就通用電氣公司的戰略目標做出判斷，並回答如何實現這些目標。

當韋爾奇走進機艙面試時，他嚴肅地表達出了「推向前進」的想法。鐘斯對此恰好頗爲感興趣，並在事後評價他說：「他有著極大的魄力。對於如何衝向前，處於領先地位，他有很好的想法……那是些關於如何做出有利改變的想法。」

1978 年春天，經過兩次機艙面試之後，鐘斯選擇韋爾奇爲通用電氣公司的下一任董事長兼首席執行官。

1981 年，雷吉•鐘斯宣佈把通用電氣交給韋爾奇，此時，世界一片譁然，一個與「典型 GE 執行官」背道而馳的人被推上了董事長的位置。韋爾奇從性格、氣質、做事方式等等方面都和雷吉•鐘斯決然不同，而且當時，韋爾奇才 45 歲，是最年輕的一個。所以，在公眾的眼裏，韋爾奇是 12 個接班人候選人中希望最小的人。但是，雷吉•鐘斯卻獨具慧眼。事實證明，選擇韋爾奇是正確的。可以說，韋爾奇在位的 20 年，他成功地改造通用電氣的企業 DNA，使其脫胎換骨，成爲所有行業中業績最佳者，並保持平均 10%速度增長。

2. 傑克 · 韋爾奇——成就卓越的公司

在繼承雷吉 · 鐘斯科學管理的同時，韋爾奇——這位曾被稱爲「異類」的管理者，爲通用電氣增加了帶有東方管理風格的人文精神，他積極與客戶、員工交往。韋爾奇在任期間親自教練和培養近 80 名高級管理者，並到企業大學培訓中心親自教課超過 300 次，共培訓了 15000 多名中高級管理人員。

韋爾奇在其自傳中說:「是優秀的人才而不是計畫成就了一起……如果不是以人爲本，我們的成功是會受到很大的限制。」通用電氣是歷史上僅有幾家能成功地改變自己企業文化的企業。韋爾奇在變革時代的領導模式代表了世界企業領導理論，並爲眾多企業和管理者所仿效。

⑴韋爾奇選擇接班人計畫。

1994 年，韋爾奇開始與董事會一道著手遴選接班人的工作，6 月份，董事會管理發展和酬薪委員會(MDCC)召開會議，議事的中心就是確定接班人。在一張手寫的候選人名單上，韋爾奇把 24 位候選人分爲 3 組討論。其中，「現成人選」的類別下，有 7 個人;「有力競爭者」的類別下，有 4 個人；在「範圍較寬的人選」類別下，有 13 人。在韋爾奇的職業生涯中，沒有什麼比發現人才更令他快樂了。這個名單包含了所有三類「決賽選手」。用韋爾奇的話說:「從那時起，關於這些人的所有工作安排就都與接班聯繫上了。」

在這之後的 4 年中，韋爾奇設法爲所有候選人補上履歷中欠缺的地方，並考察了他們發展的潛力。例如，候選人之一大衛 · 卡爾霍恩是飛機發動機部門的主管受命管理製造機車的交通設備部門。這個部門曾被韋爾奇稱作爲「通用電氣公司中最好的鍛鍊崗位」，因爲在這個崗位上可以與政府、工會、社區和其他企業的首席執行官打交道。韋爾奇非常小心，他避免把人才培養過程說成是明確或完全系統化的，他在培養領導人才的同時兼顧了公司的贏利目標。

韋爾奇希望董事們不僅僅是通過正式的情況介紹、瞭解位居前列的候選人，董事們需要對「選手們」的性情有感性的認識。因爲韋爾奇當年被選爲接班人的時候，此前的董事會對他就缺乏感性認識，是在鐘斯一手的提拔下，大家才逐漸瞭解他、接受他。爲此，韋爾奇經常策劃一些讓董事與候選人共處的機會。

每年 6 月，韋爾奇都要與管理發展和酬薪委員會(MDCC) ──負責選擇接班人的主要機構，做另一次深入的考查。這個委員會在每次召開全體董事會議(一年 10 次左右)之前都要開會討論接班人問題。總體說來，這種種場合使董事們每年花掉成百上千小時討論接班人問題。

經過對候選人員的深入瞭解，1997 年 12 月，韋爾奇和董事們決定把人選縮小至 8 個，爲此，他們舉行了一次董事會議。

根據慣例，隨著候選人範圍的縮小，應該讓最有力的競爭者參加公司總部的工作，以便首席執行官和董事會能夠更近距離地考核他。鐘斯當時就是這樣提拔韋爾奇的。但是韋爾奇放棄了這種做法。當時，公司內部每個人都有自己的希望對象，因此整個氣氛變得尷尬而緊張。對於一個重視團結協作的公司來說，這無疑是一場不必要的內耗。韋爾奇不希望再看到這種

局面，因此，他把3個最有希望的候選人安排在相距百里的地方，他們之間沒有出現不愉快的事情。

⑵伊梅爾特浮出水面。

1998年6月，韋爾奇的接班人計畫到了觀察篩選的關鍵時刻，所有的候選人都原地待命，直到真正的接班人誕生。1998年12月，已經傳言傑佛瑞・伊梅爾特在這場競爭中處於領先地位，但韋爾奇堅持說，當時他和董事會在誰的可能性最大的問題上並未達成一致。

但這個傳言在隨後不久就被證明了。1999年7月，卡爾霍恩離開照明部，轉而負責通用電氣金融公司的僱主再保險業務，這意味著他不再參加角逐。4個月後，科特辭職，成爲加州一家大型綜合汽車零件供應商TRW公司總裁。

2000年6月，韋爾奇爲伊梅爾特、麥克納尼和納爾代利任命了各自的副手。其中卡爾霍恩和賴斯分別被任命爲麥克納尼和納爾代利的副手。這意味著作爲候選人的卡爾霍恩和賴斯已經被淘汰出局。這是一著絕妙的棋，因爲無論選擇那位做接班人，後備的副手都已經塵埃落定。

到了最後那段時間，韋爾奇不得不面臨一個痛苦的現實。他必須將壞消息告訴其他的兩位愛將。他們的表現同樣出色，這讓韋爾奇備受折磨，甚至一度失眠。2000年，感恩節的前一天，韋爾奇覺得是宣佈通用電氣公司未來接班人的時候了。於是，週五，東部時間下午五點，韋爾奇通過電話在他棕櫚灘的寓所告訴全體董事，他和MDCC推薦伊梅爾特擔任公司的下屆首席執行官。董事會沒有表示異議。五點半，韋爾奇打電話通知

了伊梅爾特，最終定於週一早晨正式宣佈任命。就這樣，44 歲的醫療設備業務負責人伊梅爾特將成爲全世界最有價值的公司的下任總裁。

⑶韋爾奇選擇接班人的特點。

韋爾奇和董事會選擇接班人的過程非常有特點，那就是，打破公司權力交接計畫的大部分規則；他們從未把目光投向公司外部；他們也沒有使用任何通常的樣板來考核候選人；他們從未任命首席經營官或其他當然繼承人；他們花大量時間來瞭解競爭者，花更多的時間交換對他們的看法；在韋爾奇上臺後，採用了「360° 人事考察」制度，對候選人有了全面的瞭解和評估。

通用電氣公司全球管理的一個重要基石是人事管理系統，公司的人事管理系統可以說是「毫髮畢現，無孔不入」。各個業務集團都設有一位副總裁負責人事，同時總公司方面亦有專職副總裁，所有地區人事工作都必須「雙重彙報」，以便總部掌握全球人事變動情況。

在通用電氣公司的人事考察中，很重要的一項就是對後備人才的培養，具體而言就是：你在當前的位置上必須儲備、培養 1~3 名接班人，這將作爲績效之一進行考核。公司每年有 10%~15%的高層人員被辭退，被辭退的人中最不可容忍的是違反誠信，其次爲能力不足。在通用電氣公司「下嫁」的例子不勝枚舉，當不了總裁再去當部門經理的更是大有人在。通用電氣公司推崇「流動的才是人才」。

通用電氣公司長期以來在接班人的選擇上都獲得了巨大的

成功，是因爲公司內部已經形成了一套非常完善的制度，這套制度有下列幾個特點，值得企業學習：

其一，集體選拔接班人。在通用電氣公司，董事會內部有專門工作組織，負責重大人事篩選，並由董事會確定繼任人的最佳程序方案，即使董事長也不能改變其決定。由董事會的專門委員會負責與候選人會面和進行考察，其他人不能參與其中，以免影響董事會的獨立判斷。

其二，要經過嚴格的競爭機制選拔。通用電氣的接班人不是事前「欽定」的，任何人都可能脫穎而出。即使到最後關頭，其他的候選人仍有一線生機。

其三，在追求長期戰略和持續業績的過程中，做好有效的繼任規劃，確保完善的繼任程序，對企業持續的優勢管理至關重要。

其四，通用電氣公司留住候選人的辦法包括無投票權的股票和認股權證，而不是某種承諾。優先股和認股權證都是一種制度化的收入保證，接受此種待遇的人不論最終是否當選接班人，甚至將來是否會「跳槽」，已經落實了的權利都是不能被剝奪的。

6

實施企業接班人計畫的注意事項

1. 確定組織需求人才的能力

確定組織需求人才的能力是制定實施企業接班人計畫的第一步。企業戰略是組織的關鍵能力來源，而企業未來的領導人則是戰略實施的組織者與領導者，因此所具備的能力必須符合企業的戰略要求。

2. 注意運用評估工具對潛在候選人進行評估

對潛在的候選人進行評估時要注意運用評估工具，常用的評估工具包括績效考核的數據，還可運用在招聘甄選中慣用的個性和心理測試、角色扮演、評價中心等方式。候選人能否入圍，要以某段時間內的績效水準，改進程度及工作中表現出來的能力與潛質等爲依據。

3. 要為企業接班人提供量身定做的職業生涯發展規劃

企業接班人選經過前一階段的評估，將獲得有關其績效及能力評估的詳細回饋。企業要根據未來職位的素質模型確定對接班人的培訓需求，從而使其具備適合組織發展需要及勝任未來職位要求所需要的各種專業知識和能力。爲企業接班人量身定做職業生涯發展規劃，爲其分配具有挑戰性的關鍵任務，這

樣，雙重的壓力及動力使真正優秀的未來領導人能夠脫穎而出。

4. 關注職位空缺及候選人的接班人發展狀況

企業接班人計畫的最終目標是保證組織在適當的時候能爲職位找到合適的人選。它關注與管理的對象是職位與接班人兩個方面，協同把握職位空缺及候選人發展的動態情況。

5. 繼任並非選擇組織領導人的終點

企業接班人計畫並不以找到了組織未來的領導人爲終點，它延伸至新的任職者真正接任工作，行使職權那一刻。

第六章

培育接班人的步驟

1

要主動調教接班人

一個公司要想長期穩步發展，有什麼比選拔和培養未來接班人更重要的呢？優秀的公司會將繼任計畫與發展領導力計畫緊密捆綁在一起。可是，當一些公司正小心翼翼地審視候選人名單時，許多新鮮出爐的 CEO 卻悲壯地失敗了，因爲他們根本就不勝任那些原本爲他們而準備的角色。或者說，有些企業的繼任者在真正成爲 CEO 之後，由於經驗不足，或能力不夠，成績並不出色。這就需要領導者在選定接班人後，要對其進行調教，給他足夠的發展空間。

◎臨危退出的 CEO

2000 年，道格拉斯・達夫特出任可口可樂公司第四任總裁，爲這一已有 100 多年歷史的世界上最負盛名的軟飲料巨無霸企業掌舵。

達夫特在澳大利亞紐卡素以北的獵人穀城長大，他擁有數學學士學位和工商管理碩士學位，26 歲時在悉尼加入可口可樂公司做計畫員，此後大部分時間都在公司亞洲各地區分部工

作，1991 年被調到亞特蘭大總部任太平洋地區集團總裁。

2000 年，達夫特被任命爲可口可樂總裁，就在公司領導層換崗消息傳出的第二天，可口可樂公司的股票就下跌了 6%，市場價值轉眼之間減少了 100 億美元。當然，股票下跌的原因不僅僅是對達夫特的任命，更重要的是他的前任伊維斯特出人意料的辭職。

1999 年 6 月 9 日，在前任總裁伊維斯特在位時，比利時曾發生 120 人飲用可口可樂中毒的事件，這使得擁有 113 年歷史的可口可樂公司遭遇了歷史上罕見的重大危機。在銷售急劇滑坡的情況下，可口可樂選擇了道格拉斯・達夫特。此時公司的收入已經暴跌，股價也比高峰期下跌了 30%，大約共損失了 700 億美元。

達夫特上任後不到 3 個月就改組了領導層，把那些對非碳酸飲料做出突出貢獻的人員吸納到管理層中。同時，爲了精簡機構，鼓勵創新，達夫特消減了多達 20%的員工。緊接著他將公司 8 億多美元的不良資產迅速轉手。一年多以後，達夫特又將重點放在了開拓可口可樂國際市場方面。

有評論稱，達夫特是可口可樂公司真正懂得海外市場運作的首席執行官。達夫特上任後，立刻對可口可樂的全球戰略進行了調整，並推出了針對全球每一個市場區劃的新市場計畫，運用廣泛的組合傳達一個集中的理念。不久，公司的銷售收入開始回升，經營狀況逐漸好轉。但這一切並沒有改變可口可樂公司的整體狀況。2003 年，對於可口可樂來說無疑是一個夢魘。

2003 年 2 月 27 日，英國《星期日泰晤士報》刊登了一篇

題爲《秘密報告指控甜味劑》的文章，這篇報導指出，包括可口可樂和百事可樂在內的許多飲料廠家目前仍在使用一種能分解出甲醇和苯丙氨酸等有毒物質的甜味劑——「阿巴斯甜」。這篇報導通過互聯網，在公眾中產生了巨大的震動。

5 月份，原可口可樂僱員惠特利指控可口可樂在 1998 年至 2001 年間誇大淨收入和毛利潤、篡改漢堡王進行的雪泥可樂行銷測試統計數字以爭取客戶。隨即，監察署介入調查其有關違規會計行爲。可口可樂公司還受到反托拉斯機構的調查。

8 月 5 日，印度新德里科學和環境中心公佈的一項品質測試顯示，可口可樂的軟飲料產品農藥含量比歐盟的規定含量水準高出 30 倍。隨後，印度議會一些議員呼籲在印度國內禁止銷售可口可樂和百事可樂。

新的一年，可口可樂仍舊沒有走上好運。2004 午 1 月底，三個前僱員又起訴可口可樂公司通過將過剩濃縮劑向海外罐裝廠轉移，以達到增加銷售、誇大財政業績的目的。

按照常理，在這樣的情況下，首度執行官應該與公司共患難，和公司一起渡過難關後方可退休或者離職，然而，達夫特卻選擇在 2004 年 2 月份突然宣佈將於年底退休。這個消息傳出後，可口可樂股票當天在 51 美元報收，下挫 24%。

其實，類似達夫特這樣的領導者有很多，具體來講，問題並不是出在公司給予他們的責任過大，而在於繼任計畫不夠完善，在接班人上任前，領導者沒有很好的對其進行調教，給他足夠的發展空間。領導者也只是傳統地考慮和執行繼任計畫，導致繼任計畫過於狹窄和呆板，無法發現、提高並彌補技能差

距，以至於他們會偏離自己的職業軌道。

但是，我們發現，有些公司在調教接班人，提升接班人領導力方面就做得很成功。他們不是機械地更新候選人名單，而是漸進式地推進繼任計畫。他們結合兩種實踐活動——繼任計畫和領導力提升計畫，這爲公司培養和管理精英人才創造了一個長期流程。

接班人計畫必須以素質提升爲導向，而不僅僅是一份僵化的高級潛質僱員名單以及他們可能晉升的職位清單。通過給接班人制定相應的領導力提升計畫，你不僅能深刻認識高級管理職位所必備技能，還能完善、提升這些技能的教育培訓體系。

2

要培訓候選人

從整個人力資源的流程來看，接班人計畫是先從績效管理等方面開始進行的，然後針對個人不足之處提供培訓需求，在進行培訓的同時，也實施績效及培訓評估，這是一個行之有效的計畫。

◎不同的員工，有不同的培訓

公司人力資源管理在爲公司員工做出績效評估後，大致會出現這四種的情況：

⑴績效佳且有潛力。這類員工將是人力資源部門發揮最大的力量來確保的群體，可以說，未來的接班人就在這個群體中選定。企業接班人關係到企業未來的發展，所以在選擇的時候，要做好完善的計畫。因此，在這個群體中，人力資源管理部門會根據評分結果把他們分成：馬上可以接任；只需完善其不足之處，或是在職位上再歷練一些時間；必須再持續教育訓練一段時間，或在本職位必須再歷練幾年。

⑵績效佳但無潛力。這類員工通常也是穩定公司成長的群體，所以公司必須對其職業生涯有所規劃。而且要由人力資源管理部門經過 3~5 年的觀察及培養。

⑶績效不足但有潛力。這類員工應該由人力資源部門深入挖掘及瞭解造成其績效不佳的因素。而且人力資源部門應該加強其技能培訓，若培訓後仍未進步，則必須仔細分析其原因，是否是因個人因素而不適合本職位，還是其他外部原因。

⑷績效不足且無潛力。這類員工基本上將是公司列入淘汰的群體。這類員工人力資源部門要對其進行必須的培訓，以提升其績效及潛力，但是經過連續兩次輔導(每次三個月輔導)及評估仍未獲得改善，則可以考慮與以解聘。

對不同類型員工的培訓並不意味著一成不變。企業應通過在職經驗式培訓增加員工危機意識，針對每個員工的特點而制定不同方案，進行有針對性的培養，只有這樣才能提升企業人力資本的價值。

日本富士通集團公司是世界 500 強中的頂級企業。作爲日本最大的 IT 廠商，富士通培訓員工的一個特點是：提倡員工加強自我培訓，支持員工提出的合理的培訓要求。

通常情況下，很多企業的培訓內容都是公司確定好的，但在富士通，員工如果發現自己在某一方面的技能或知識比較缺乏而提出培訓要求，只要是合理的，公司都會同意和支援。公司年初都會有一定的培訓費用預算，只要在這個預算範圍之內，並且確實是工作需要，如財會培訓、人力資源培訓……普通員工也有機會。只要員工認爲某項培訓比較適合自己，將來的工作中會用到，經過公司的判斷後，就會給員工這個機會。

◎麥當勞的培訓課

沒有任何一個速食品牌能像「麥當勞」那樣深入人心。美國麥當勞崛起於第二次世界大戰後，現在已經成爲美國文化的象徵。每年，麥當勞北京公司要花費 1200 萬元用於培訓員工，包括日常培訓或去美國上漢堡大學。麥當勞在每一個培訓中心，教師都是公司有經驗的營運人員。在麥當勞的管理人員中，有 95%都是要從員工做起的。

麥當勞說：「每個人面前有個梯子。你不要去想我會不會被別人壓下來，你爬你的梯子，爭取你的目標。舉個例子，跑 100

米輸贏就差零點幾秒，但只差一點點待遇就不一樣。我鼓勵員工永遠追求卓越，追求第一。」

麥當勞的培訓目的是讓員工得到儘快發展。在其他許多企業，包括一些國外的知名企業，公司的人才結構像金字塔，越上去越小。而麥當勞的經營形式因爲是連鎖經營，所以其人才體系像棵繁茂的聖誕樹，只要你有足夠的能力，就讓你升一層，成爲一個分枝，再上去又成一個分枝。在麥當勞，你永遠有升遷機會。

由於這樣的人才培養計畫，在麥當勞取得成功的人都有一個共同特點：腳踏實地，從零開始。員工最難熬的是進入公司初期，在前 6 個月中，人員流動率最高，能堅持下來的具責任感、有能力、獨立自主的年輕人，在 25 歲之前就可能得到很好的晉升機會。

麥當勞實施一種快速的晉升制度：一個剛參加工作的年輕人，可以在一年半內當上經理，可以在兩年內當上監督管理員。這種制度既能鼓勵員工，幫助他們實現自己的職業生涯規劃，又能使公司的接班人計畫得以順利實施。而且，晉升對每個人是公平的，既不做特殊規定，也不設典型的職業模式。每個人主宰自己的命運，適應快、能力強的人能迅速掌握各階段的技能，自然能得到更快的晉升。

不僅如此，在麥當勞，每一階段都舉行經常性的培訓，有關人員必須獲得一定的知識儲備，才能順利通過階段性測試。這一制度避免了濫竽充數現象，製造了一種公平競爭的機會，同時也吸引了大批有能力的年輕人來麥當勞實現自己的理想。

麥當勞的職位升遷具體來講是這樣的：

首先，實習經理階段。一個有能力的年輕人要當 4~6 個月的實習助理。其間，他以一個普通班組成員的身份投入到公司各基層崗位，如炸薯條、收款、烤生排等；他應學會保持清潔和最佳服務的方法，並依靠最直接的實踐來積累管理經驗，爲日後的工作做好準備。

其次，二級助理。這個工作崗位帶有實際負責的性質。此時，年輕人在每天規定的一段時間內負責餐館工作。與實習助理不同的是，他必須在一個小範圍內展示自己的管理才能，並在日常實踐中摸索經驗，協調好工作。他要承擔一部分管理工作，如訂貨、計畫、排班、統計等。

第三，一級助理。有能力的年輕人在 8~14 個月後將成爲一級助理，即經理的左膀右臂。此時，他要在餐館中獨當一面的同時，使自己的管理才能日趨完善。很顯然，他已經肩負著更多、更重要的責任。

第四，經理。當一名有才華的年輕人晉升爲經理後，麥當勞依然會爲其提供廣闊的發展空間。經一段時間的努力，他將晉升爲監督管理員，負責三四家餐館的工作。3 年後，有能力的監督管理員可能升爲地區顧問。屆時，他將成爲「麥當勞公司的外交官」，即總公司派駐下屬企業的代表。其主要職責是往返於麥當勞公司與各下屬企業，溝通傳遞資訊。同時，地區顧問還肩負著諸如組織培訓、提供建議之類的重要使命，成爲總公司在某地區的全權代表。當然，成績優秀的地區顧問仍然會得到晉升。

由此表明，麥當勞全部的接班人計畫在這種員工的晉升中形成了。但是並非如此簡單，麥當勞還有一個與眾不同的特點，那就是，如果某人未預先培養自己的接班人，則在公司就無晉升機會。這就促使每個人都必須爲培養自己的繼承人盡心盡力。也正因如此，麥當勞成了一個發現與培養人才的基地。可以說，人力資源管理的成功不僅爲麥當勞帶來了巨大的效益，更重要的是爲全世界的企業創造了一種新的模式，爲全社會培養了一批真正的管理者。

3

如何規劃接班人計畫

在一個競爭日趨激烈的情況下，公司應建立的接班人計畫體系或者稱之爲關鍵崗位後備人才計畫。接班人計畫體系可以進一步提供幹部職業發展機會。

1. 關鍵職位選擇

應對公司中的職位進行分析，決定那些是關鍵職位，那些是需要建立接班人計畫的職位。這些職位不僅包括高級管理人員與關鍵部門管理人員，同時也要考慮一些技術性強、市場競爭激烈的專業技術業務人才，也可以是生產作業類的關鍵技工、技師。

分析關鍵職位應考慮：

①對公司經營和發展的重要性(戰略價值)。

②市場需求量與市場供應量(稀缺性)。

③失去現職位上幹部的可能性。

④包括一些技術性強，對公司經營／運作重要的普通職位。

2. 明確職位要求

人力資源部應安排各部門，建立詳細的關鍵職位要求。

3. 接班人的來源

各部門與人力資源部一起應根據職位要求和考核結果，進行分析，並最終確定崗位接班人。同時對他們提出發展方向。

接班人的來源一般有 4 個：

①重點人才培養計畫體系所提供的人才。

②績效考評結果。

③外部招聘。

④中高層經理人員的推薦。

4. 對初選的接班人的評估

如何做好關鍵崗位的接班人計畫已經成爲企業發展的人力資源戰略之一。企業爲建立和維護後備人才計畫體系，應當定期或不定期地進行選拔性評估。接班人的評估需要一個專門的委員會(或專門的評估中心)在一個相對一致的評價標準和參照背景下對候選人的潛能/價值觀進行評估(素質評估)；最後也需要瞭解與候選人有直接工作關係的人對其工作行爲的 360 度回饋。

5.接班人計畫體系評估

人力資源部負責每年對崗位後備執行情況進行分析，確保制度完善。

決定接班人計畫成功與否的標準包括：

①在任何重要職位出缺時，公司內部有一位或兩位合適的人選可立刻接替。

②被晉升(或其他工作的安排)的幹部，表現多半成功，而只有少數人失敗。

③只有少數幾位優秀幹部因「缺少晉升機會」而離職。

4

接班人計畫的實施步驟

◎企業接班人計畫的三個階段

一般來說，高潛能人才的開發主要包括三個階段。

1.挑選高潛能人才。即將那些學業上取得優異成績或者是工作上有突出業績表現的人挑選出來。在這一階段，最初可能會有一大批員工被視爲高潛能人才，但隨著時間的流逝，一些人會因爲流動、績效或個人努力方面的原因而逐漸減少。

2.開發高潛能人才。通過制定競賽模型，考核高潛能人才

的各項素質，如口頭或書面表達能力，人際關係及領導能力等。

3.讓高潛能人才試演領導角色。在這個階段中，領導層應在開發這些高潛能人才中發揮積極的作用，他們要經常與這些繼任人接觸，並使這些高潛能人才對公司文化有更深的瞭解。

◎企業接班人計畫的實施步驟

繼任管理是現代人力資源管理的重要組成部分，它的主要任務是爲企業儲備未來的領導人，它關注繼任人員的潛力與未來的發展，因此對企業的現狀及未來發展有重大意義。

開發一個有效的企業接班人計畫應包括以下 8 個步驟。

1.審查、分析相關文件。對企業的戰略和業務計畫、目前的組織結構、最近相關的組織調整方案進行分析和審查。

2.啓動組織會議、制訂方案。在組織會議上確定實施方案的範圍，交付成果，時間限制，企業可以使用的資源，項目的成員等內容。

3.對高層管理人員進行培訓。對管理層人員進行培訓的目的是，爭取他們對企業接班人計畫的支援和理解。召開管理層人員培訓會，並在會議介紹企業接班人計畫的方法和測評流程，時間一般控制在 2 小時左右。

4.進行價值驅動因素的行爲描述。進行價值驅動因素的行爲描述，是確定所有測評的基礎，其目的是確定價值驅動因素行爲描述庫。這個步驟需要 3~4 人參加，企業總經理和人力資源部門的負責人必須參加，需要半天的時間。

5.設計並確定崗位價值驅動模型。對價值驅動模型而進行設計需考慮崗位描述、業務計畫、戰略目標等相關因素。不同的崗位有不同的價值驅動模型，企業必須確定高層領導崗位的價值驅動模型，才能對這些高層領導崗位創建相應的價值驅動模型。模型創建的過程應基於價值分類方法論。

模型創建成功後，就要證實並最終確定崗位價值驅動模型，可以採用焦點小組形式，小組的成員由每個部門的管理者組成。

6.開發測評工具，進行高層領導測評。首先要依據崗位設計測評問卷。然後由高層領導進行測評。

測評流程一般分爲兩個並行的工作程序：將現在的高層領導團隊對照企業關鍵領導崗位的價值驅動模型進行測評；選擇企業的關鍵員工，將他們對照相應的價值驅動模型進行測評。

7.生成高層領導測評報告並撰寫綜合報告。每個高層管理人員和關鍵員工都將會收到一份測評報告，內容包括：個人價值驅動因素的評估描述；單項得分；個人價值驅動因素評估描述與崗位的價值驅動模型之間的契合程度；個人的優點和弱點。

然後高層領導將依據以上的結果，撰寫總結報告，包括以下內容：企業的領導力現狀、企業領導力差距、企業高層管理的人才連續性等。

8.設計高層管理員工開發方案。在識別企業關鍵崗位後繼人才後，企業還要根據他們個人的測評結果，將要繼任的關鍵崗位的價值驅動模型、個人與關鍵崗位的匹配程序設計出針對這些後繼人才的開發方案，並在實際開發過程中進行不斷回饋

和調整。

5

IBM 的接班人計畫

在美國《經理人》雜誌推出的「發展領導才能的最佳公司」排行榜中，IBM 名列榜首。此乃實至名歸，因爲 IBM 所有的高級經理都有一門必修課——「接班人計畫」。

◎一個標準

IBM 公司不斷將總部的「接班人計畫」本地化、系統化，並一再強調「找不到接班人的經理將得不到升遷，而他也不是一位合格的經理人。」良性的接班人計畫必須遵循統一的培養、考核及提拔標準。

早在 1995 年，IBM 就在專業諮詢公司的協助下，在公司內進行了一次全面的調查研究，認定了 11 項領導團隊應該具備的優秀素質。這個領導力模型隨即成爲「接班人計畫」的重要指標。

IBM 總結的這 11 項優秀素質包括 4 個方面：

必勝的決心（包括行業洞察力、創新的思考和達到目標的堅持）；

快速執行的能力（包括團隊領導、直言不諱、團隊精神和決斷力）；

持續的動能（包括培養組織能力、領導力和工作奉獻度）；

核心特質（對業務的熱誠）。

如今，作爲公司「接班人計畫」的一部分，IBM 每年依據這一模型對所有的管理人員進行評估。

接班人計畫是 IBM 非常重要的管理文化，其目的並不是一定要接誰的班，而是在貫徹這個計畫的過程中，培養和鍛鍊有潛質的後備人才。這個計畫的實施有兩方面的效果，一方面是凝聚優秀人才的注意力，他可以專心致志地爲 IBM 服務，他覺得認真工作可以得到提升，不會三心二意；另一個效果是真正在企業需要接班人時，公司有足夠的挑選餘地。

在很多狀況下，這些接班人不是接原計劃的位置，而是有新的機會讓他去接，但此前通過培養鍛鍊，他的能力更強，素質更高，公司也可以不斷成長。接班人計畫的關鍵在於發現公司內部的「明日之星」，並有意識地培養他。

◎兩個序列

IBM 的接班人計畫分爲界限清晰的兩個體系，相應的培訓系統也逐漸一分爲二。公司新進人員都要參加集中的入職培訓，認識公司、瞭解規章制度並啓動個人職業規劃。

從大學招聘來的新生要學習三方面的內容，包括專業、財務、銷售等方面的知識技能。

一年以後，不論是業務代表還是行政職員都要參加專業學院的再教育，學習專業素質和技能，公司開始有意識地將員工歸類，分爲專業型人才和有管理潛質的人才。

參加過專業學院培訓的優秀員工，一旦被確定爲接班人計畫的「明日之星」，便會被安排參加新主管訓練課程，學做主管(如參與績效考核、鼓舞士氣)，並開始經歷更多的磨煉。

儘管此後的培訓將分工明確，技術型人才和管理型人才也將分別走上技術領導和高級主管的不同方向，但 IBM 的資深人員都秉承一種觀念：專業和行政管理兩個序列都受尊重，由自己慎重選擇。當自己覺得不喜歡或不適合做行政主管，隨時可以回到專業序列。

◎三種方式

1. 案例培訓

IBM 相信，領導力是可以通過後天培養的，根據這種觀念，接班人計畫的「明日之星」將被強化進行領導力方面的培訓，方式從電子學習到課堂教學、角色模擬演練、案例討論，到工作討論、面對面溝通等等，而公司高級主管必須親力親爲。

身爲 IBM 華南區總經理，每年必須親自負責組織至少一期高級經理人預備班。這種高級經理人預備班每個班 15~24 人，爲期 3~4 個月，其中每個月有 3~4 天是離職學習。

在系統的案例教學中，各個高級經理的一二十年的實戰經驗將成爲「接班人計畫」的催化劑，許多學員爲此興奮，在培訓中常常有員工做案例做到淩晨三四點鐘，爲第二天早上 8 點的討論課積極準備。

當課程結束時，學員們會收到一個真實的項目，而項目完成後的 30、60、90 天的效果，將成爲考核的記錄評估學員成績。

2. 實踐磨煉

IBM「接班人計畫」強調在實踐中成長，其中最日常化的是「良師益友」計畫。

就是公司裏的老員工幫帶新員工，傳承多年的工作經驗。

另外，還有「特別助理」計畫。例如，曾在 1999 年 2 月被派駐東京擔任 IBM 亞太區總裁助理，到當年的 8 月份，這種經歷在 IBM「接班人計畫」中被稱之爲「特別助理」，在這 6 個月時間裏，潘偉以特別助理的身份協助公司亞太區總裁的工作，參與總裁的社交應酬等所有的日常行政工作。而在這個過程中，亞太區總裁則成爲了良師益友，通過言傳身教，提高決策方法、領導風格等。

實踐鍛鍊還包括「外派到客戶」學習、崗位輪換等等大家熟悉的方法。

3. 評委審定

「接班人計畫」的最後一關是接受由公司高級經理人組成的評委審定。評審委員會由技術、市場、銷售等方面的高層經理共同組成，「明日之星」只有在答辯完成、成績通過後才有資格做正式的高級專業人員或高級經理人。

根據多次擔任評委的總經理介紹，答辯考核的業績包括兩個方面，一種是個人業績；另一種是幫助屬下成長的業績，比如說你帶過誰，他有什麼進步。

爲了保證「接班人計畫」的可持續推進，參加答辯者的上層經理也需接受 3 分鐘的答辯。

評審委員會預先不設立通過比例，只要半數以上同意即可通過。

整個答辯過程中，評委們隨機提問，能否通過完全看個人的歷練，而這本身就是一種歷練。

6

接班人的培訓內容

企業的接班人屬於公司高附加值和獨特性的人力資本，企業將其視爲產生競爭優勢的核心員工，並從戰略的高度對其進行培訓和開發。

⑴知識性培訓。這是一個針對性很強的培訓，主要用於技能方面，尤其以需要培養員工在短期掌握技術時採用，或是對已經擁有一定技術的員工進行再培訓。

⑵管理知識培訓。在眾多繼任者候選人中，很多都是從普通員工走上管理崗位的，但作爲員工本人管理知識缺少，很難

勝任工作，此時進行管理知識培訓尤其必要。「管理科學是提高企業效益的根本途徑，管理人才是實現現代化管理的重要保證，實施管理培訓工程是當務之急。」所以，企業應該把管理知識作爲對企業接班人培訓的一個重點。

(3)領導能力提升培訓。一個企業的發展，領導是關鍵，領導是天生的更是後天培養的，在管理知識培訓的基礎上，針對公司中、高層管理人進行領導能力提升培訓。傑克·韋爾奇曾說：「我用大部分時間是在爲 GE 培養人才，這就是領導；所以領導也需要培訓。」

7

CEO 培訓模式

提高 CEO 的能力，創造一種通過開發能力來提升績效的企業文化，將直接影響到整個企業的生存和發展。基於能力績效目標設定的 CEO 培訓的意義，就在於幫助 CEO 瞭解構成卓越績效的行爲和特點，並有效地實現和達成。培訓的過程可分爲 4 個階段。

◎對工作加以分析的階段

在該階段，對 CEO 的工作內容和職責範圍進行詳細的分析。以某上市公司的總經理爲例，該職位的工作目標如下。

⑴制訂並組織實施公司發展戰略規劃和公司年度經營管理計畫。

⑵全面組織日常管理、人力資源管理、財務管理、投資融資的重大決策和經營管理模式變革。

⑶請董事會任免副總經理、「三總師」和財務負責人，聘任部門經理、副經理；協調指導高層管理人員工作。

⑷作爲產權代表，對參、控股公司履行股東或董事職責。

◎對目標設定的階段

該階段爲 CEO 設定績效發展目標和能力發展目標。

利用關鍵行爲方式的鎖定，可以使 CEO 的績效發展和能力發展目標變得更爲切合實際和方便操作。這裏績效發展目標和能力發展目標的設定，應考慮以下一些因素：如評估那些關鍵行爲在得到改善的情況下將最能提高總體能力？如何通過克服能力發展中的障礙來提升自身績效等等。以公司總經理職位爲例。針對總經理職位的工作目標，對他的能力要求和關鍵績效可界定如下。

1. 能力要求

①具備完善現代企業管理制度、引進新的經營管理模式變革方案的創新能力。

②具備與公司內外全方位的交流和聯繫、準確把握公司的經營情況的良好溝通能力。

③具備公司發展戰略決策能力和很強的不確定事件的危機處理能力。

④具備對公司屬員的決策管理能力。

2. 關鍵績效

①及時組織審訂公司年度經營管理計畫，董事會順利通過，管理計畫科學、合理，有創新。

②科學合理並有效地調配公司人力資源、投資融資資源，確保公司規範化管理的順利進行。

③根據全面充分的能力績效考察，任免合理、聘任科學，體現用人唯賢、唯能原則。

④有效執行並認真負責監督參、控股公司的有關股東或董事會議有關決議的貫徹實施。

◎對培訓定位的階段

按照職責範圍和目標設定的要求，對 CEO 的培訓內容予以定位。

根據工作分析和目標設定，可以進一步明確 CEO 的培訓內容。這樣可以明確爲達成 CEO 績效發展目標和能力發展目標所需要掌握的知識技能、經驗積累及資訊獲取的基本框架，從而爲 CEO 培訓的需求定位打下好的基礎。

以總經理職位爲例，該 CEO 的培訓需求定位界定如下。

知識框架：戰略管理、投融資管理、組織行爲學、人力資源管理、決策管理、企業文化管理、員工激勵管理等。

經驗積累：根據下屬職責，合理分解年度指標並及時組織協調，授權各分管副總組織實施，按公司要求客觀地考核各分管副總業績；有效協調高層管理人員關係，員工關係融洽；指導經營班子高層管理人員工作，發現問題，及時妥善處理；營造經營班子良好的工作氣氛；及時召集經營管理專題決策會議，對外部投資融資環境變化趨勢和公司出現的問題進行討論分析；對不利參、控股公司的有關股東或董事會議有關決議貫徹實施的現象或行爲，堅決及時予以糾正。

資訊獲取：準確把握行業外部環境資訊和公司經營情況資訊；熟悉各分管副總有關授權的年度任務指標和完成情況資訊；瞭解相關的參、控股公司的有關股東或董事會議有關決議。

◎培訓實施階段

爲達成既定培訓目標而進行相應的制度規範和操作保證。

1.應認識基於能力績效的 CEO 培訓模式的戰略意義。提高 CEO 的能力績效，將對直接迅捷地提升員工的能力績效產生重大的影響。CEO 在管理下屬的過程中，應具備管理僱員的決策管理能力，具體包括：

①人際意識：理解員工並對員工的需求和關心的事情作出反應；

②績效管理：幫助員工設定並完成績效目標以及能力發展

目標；

③激勵他人：幫助員工全力去制定並實施能力績效計畫；

④授權他人：給員工提供增強能力的機會；

⑤培養他人：幫助員工提高他們的技能和能力。

CEO 的能力績效的提高，將直接影響其他員工獲得實現績效目標期望值的能力。因此基於能力績效目標設定的 CEO 培訓模式具有不可低估的戰略意義。

2.應明確 CEO 培訓的重點。從分析可見，CEO 爲達成其能力績效目標而需要培訓的重點是戰略管理能力和激勵管理能力，重點是如何制定好戰略規劃的能力培訓；如何對公司員工進行激勵和約束的能力培訓，包括股利分配、用人政策等方面的能力培訓。通過以上戰略管理能力和激勵管理能力重點的培訓，可使 CEO 的戰略管理和激勵管理關鍵行爲在得到改善的情況下促使其總體能力的提高，從而通過克服能力發展中的障礙來提升自身績效，有效地達成其能力績效的目標。

選擇適宜方式來達成既定的培訓目標。CEO 肩負著重大的責任，日常工作也相當繁重。如果 CEO 完全採取脫產方式的學歷培訓形式，不利於完成工作目標。現在的 EMBA 教育就是針對在職 CEO 的一種訓練營式的培訓方式，只是一段週期內集中幾天時間受課和研討，結業後頒發 EMBA(高級工商管理碩士)學歷證書。CEO 除了 EMBA 教育的學歷培訓外，還可進行崗前培訓、在崗培訓或外派培訓，其方式也是多種多樣的，如專家授課、小組討論、主管輔導、專題研討會、案例研究、角色扮演等。豐富多彩的培訓方式既可以增強 CEO 的培訓學習興趣，又可以

增強培訓內容理論聯繫實際的互動性。

應注重 CEO 的培訓效果。單純依賴一些硬性的考核指標(如培訓費用、培訓時間)來反映 CEO 培訓效果的方法太片面了。基於能力績效目標設定的 CEO 培訓模式，要求通過 CEO 培訓前後的能力績效改善狀況來反映 CEO 的培訓效果。CEO 的能力績效的改善和提高，可以 CEO 解決公司重大現實管理問題爲背景，通過 CEO 制定和完善公司重大決策管理方案來加以考核，也可以 CEO 採取公司重大決策管理方案後的實施效果來考察。應該說，這種考核是軟性的，是動態的，也是最有效的。

以能力績效爲發展基礎的企業文化，要求對 CEO 採取基於能力績效目標設定的 CEO 培訓模式。這種培訓模式的特點可總結爲：

①目的性。針對 CEO 的工作目標界定其能力績效目標；

②針對性。按照 CEO 能力績效目標的要求明確培訓的內容和重點；

③趣味性。以豐富多彩的培訓方式達成培訓目標；

④有效性。根據 CEO 培訓前後的能力績效改善狀況及 CEO 解決公司重大現實管理問題的實施效果來考察 CEO 的培訓效果。

8

接班人培訓制度的五大特徵

特徵 1：保證專門的機構和專門的經費

跨國大公司機構龐大，其運營猶如一個國家，例如微軟的年銷售收入可以超過世界上很多國家一年的 GDP。所以，爲了保證公司的長治久安，一般在董事會裏都有「高管人員聘用委員會(或小組)」這樣的機構，有 3~4 名董事專門負責對高管人員的甄別、培養。爲了使這個小組有效開展工作，這些企業內一般都有屬於董事會的專門預算以實施這項工作。

特徵 2：聘請專業公司參與接班人的培養

這種作用通常包括三個方面：第一是確定培養對象應具備的素質和能力，制定接班人必備能力的培養路徑；第二是參與每年 1~2 次的業績考評和公司中高層民意測驗(比如採用 360°測評)，不斷遴選出合適的人員；第三是物色外部機構候選人，作爲比較標杆或補充。

特徵 3：先有規劃，然後才實施

由於公司的培養接班人制度是相對於高層成員公開透明的，因此，對於整個工作的進程是有計劃和階段目標的，又有多少企業在年度董事會上會專門議及接班人呢？

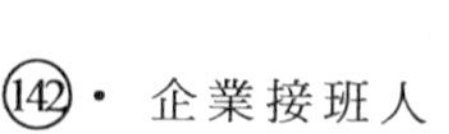

特徵 4：平穩中則內培，危機中則外聘

對於持續發展的公司，接班人通常是自己內部產生，而對於處於危機中的公司，通常是空降董事長和 CEO。如果我們看一下 20 世紀 80 年代 IBM 公司選用郭士納，以及惠普公司聘用女強人菲奧莉娜，都是在危機中聘用外部人。

而從來不會讓股東們失望的通用電氣公司，則在平穩發展中選擇了內部人伊梅爾特來接替光榮退休的韋爾奇。

特徵 5：利用高層職位之間關係培養接班人

跨國大企業也常常利用董事長、CEO 和總裁三個職位之間的關係來培養接班人。這和企業中設「常務副總」有點異曲同工，但這三個職位中均沒有「副」職，都是正職。一般公司的董事長和 CEO 由同一人兼任，總裁是另外一個人，也有董事長和 CEO 分設的。此時，CEO 通常就是接班人。如果看一下國際大公司董事長和 CEO 的年齡，會發現一般都比較老，50 多歲居多，像韋爾奇這樣 45 歲以下就接手的，很罕見。這說明一個大公司的管理主要依賴經驗，所以要沿一定的路徑培養出來，就難免要上年紀。

9

從培訓到優選：通用公司如何造就接班人

通用公司從來就不缺乏優秀的領導人，之所以能做到這一點，是因爲通用電氣有一套完善的領導力培訓體系。

通用電氣基業長青的原因有許多，但其在不同的時期總能選拔最合適的領導者，是最重要因素之一。從 1878 年，愛迪生創建通用電氣至今的 127 年歷史裏，包括現任總裁傑夫・伊梅爾特在內的 9 位總裁，幾乎都是從通用公司內部培養起來的。不僅如此，通用電氣還源源不斷地爲其他公司輸送高級領導人。據統計，歷史上通用電氣已經爲世界 500 強培養出了 170 多位 CEO，成爲一個培養領導人的搖籃。而這一切都應歸功於通用電氣完善的領導力培訓體系。

◎美國企業界的哈佛

在紐約總部，通用電氣設有被譽爲「美國企業界的哈佛」的克勞頓管理學院，這是通用電氣高級管理人員培訓中心，有人把它稱爲通用電氣高級領導幹部成長的搖籃。通用電氣的克勞頓管理學院有著明確的使命，那就是：創造、確定、傳播公

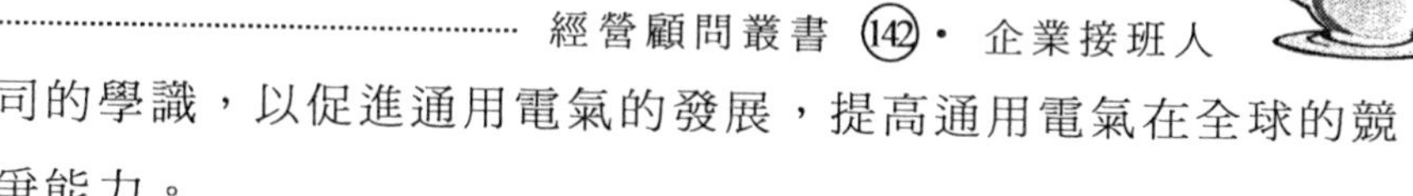

司的學識，以促進通用電氣的發展，提高通用電氣在全球的競爭能力。

自 20 世紀 50 年代就開始建立，多年來，克勞頓管理學院形成了一套完善的領導力培訓體系：從基層員工到高級經理人，處於職業生涯不同階段的人才都能夠在這裏獲得自己的所需。什麼樣的層級適用於什麼樣的領導力項目都有詳細的安排。每級領導力項目都是一個「包」，涵蓋了財務、人力資源、管理、通用電氣價值觀等等各種課程。

通用電氣每年在克勞頓管理學院投入的費用高達 10 億美元，用於培訓 5000~6000 高級經理人員，他們分別來自通用電氣在全球的業務部門。而克勞頓的教員，50%來自通用電氣高層經管人員，其中包括通用電氣前董事長兼 CEO 韋爾奇以及現任董事長兼 CEO 傑夫・伊梅爾特。

克勞頓村的教學方式也是非常獨特的。在每一課程中，學員都被要求以行動爲導向，帶著問題來參加學習，學完之後還要帶著行動計畫回去。同時，強調案例研究，強調傳播通用電氣的實際經驗與最佳做法。在一些課程中，業務部門的領導人會擬出具體的項目讓學員去做。在一定的情況下，還組織學員與業務部門一起針對實際問題開展研究與討論。

◎三個階段培養領導人

在通用電氣的極其龐大的人才培養體系中，對於領導人的培訓可以分三個階段。

第一階段：頭 5 年。從通用電氣的培訓項目來看，第一階段所做的就是提供初級培訓項目，包括「財務管理培訓」、「技術領導項目」等等，幫助從校園裏新招聘來的員工實現從大學到工作崗位的轉變，並提供輪崗機會以使他們獲取不同的工作經歷，發展他們。

第二階段：進入本行業 5~15 年。此時他們已擁有了對一個團隊的管理責任。他們對整個機構的業務有著廣泛的參與並且有機會接觸重要人物。換言之，他們有機會同他們所仰慕的高層人士——他們心目中的「榜樣」——進行面對面的交流。而這一階段通用電氣的培訓項目包括「新經理發展課程」、「中級培訓項目」和「中級經理課程」，所做的就是讓經理們成爲真正的經理。

第三階段：將他們培養成爲該機構的決策者。此時他們對工作負有全權責任，這意味著如果有什麼事沒有完成，他們不能指責別人，因爲那是自己的責任。這時他們已具有廣泛的個人關係網絡。換言之，他們獲得了領導能力並且擴展了個人關係網。此一階段，通用電氣設置了「高級經理發展課程(MDC)」、「商務管理課程(BMC)」、「高層管理人員發展課程(EDC)」，這三門課程是通用電氣最高管理人員的發展課程。每門課都爲時 3 週半，在紐約的克勞頓村舉行。

在傑克・韋爾奇擔任 CEO 的 20 年中，通用電氣舉辦了 280 次此類課程，傑克・韋爾奇本人每次都參加授課。只有一次例外，是剛做完心臟搭橋手術。每次講課，傑克・韋爾奇都要講 2~6 小時，教授領導能力。通用電氣相信教授領導能力的最好

方式就是由領導人授課。

◎14 個步驟優選接班人

對於公司未來最高領導者的接班人，通用電氣也有一套非常嚴謹的程序，一般要經過 14 個步驟。

CEO 上任第一天，第一要事：擬選 100 位候選人名單。

長年考核辦法：把 100 位候選人平時業績按月用簡報通告董事會。

CEO 提出，由董事會研究確定候選人名單。

把候選人分三類：第一類爲必然人選，包括機關的七大主管在內；第二類爲熱門人選，是最高主管直接領導的關鍵人物，包括表現最突出的主管；第三類爲有潛力的人選，爲表現引人注目，很有發展的人選。

這些候選人中年輕人先放基層，再由基層向上提拔，最後選到機關任職，做最後的候選人。

選拔歷經 15~20 年，在這期間 100 位候選人名單會有很大變化，不封死，只看變化與需要。

最後確定的 3 名人選往往不是一、二類，而以第三類居多，已成規律。

制訂初選接班人的職務鍛鍊計畫，用接班人的要求，去考量、培養、安排，以補足其閱歷和能力。首先讓他們擔任那些與政府、工會、社區和合作公司經常有接觸的職位，這種工作崗位對接班人的鍛鍊是十分必要的。其次是安排到急需取得突

破性成功的風險崗位上去磨煉。第三，到資本經營中最可能賺錢的公司去任職鍛鍊。第四，重點是第三類候選人，制訂針對他們具體情況的升遷調動計畫。

最後 6 年抓緊考核，提高選定力度和速度，將候選人縮小到 24 名。對過程高度保密，連 24 名候選人自己在這 6 年中也沒有覺察到自己在名單以內。

董事會的董事以瞭解業務爲由，隨時到候選人工作處瞭解情況，聽取彙報或實地考察；通過瞭解候選人與員工的互動關係，看候選人的辦事能力、決策能力和創造部門文化氣氛的能力。通常他們要到候選人下屬 7~8 個部門(重點是 3~4 個部門)深入調查。

董事們還通過私交(如打高爾夫球或共進晚餐等)，從人性角度認識候選人的爲人、做事態度。考察大量的人際互動關係是通用電氣公司選擇接班人的最大特色。

董事們自由集會，共議接班人的短長。而後再開董事會，董事會之前先由 CEO 發給每位董事一本候選人資料，其中包括候選人生活照片、工作經歷、重要業績、評估印象和 CEO 本人的意見，要求董事們審讀，以便在會上發表意見。

董事會上如大家一致認爲候選人情況比較清楚，此時會逐步縮小候選人範圍，直到縮小到 3 人爲止。此時，董事們已知花落誰家。但此時的 CEO 強調要多關注 3 人中可能落選的另外兩人的優點，反覆進行詳細討論。直到大家意見完全一致爲止。

新 CEO 上任後，還要在原 CEO 直接帶領下工作一段，另外還有兩位副董事長輔佐其度過「適應期」。

10

IBM 如何培訓企業領導人

IBM 的經理培訓即 MD(Manager development)，是爲 IBM 的優秀員工或是非常有潛力的員工提供的專門培訓。

IBM 的經理培訓可分爲兩類，一類是爲即將升爲經理的員工在升任之前提供的培訓，黃頁微成本行銷方式、不見不散約會新主張、小戶型主陣容揭曉、多媒體互動學英語，是本土化的培訓；另一類則是爲員工升爲經理之後提供的培訓，是全球統一的培訓，爲期一年，主要採用線上學習(e-learning)的培訓手段，同時也會爲參加這類培訓的經理各自指定一些「師傅」(tutor)來輔導學習。

IBM 公司崇尙「兩人行，互爲良師益友」的企業文化。結伴工作的兩名員工將一道實現特定的目標，以共同提高技能。這種文化氣氛鼓勵員工知識共用，並爲他人的成功做出榜樣。

爲了幫助新員工在公司中快速成長，IBM 實行一種「師徒制」，爲新員工指定一名資深的 IBM 員工做「師傅」，幫助新員工解決他們在工作中遇到的問題與挑戰。

IBM 是全球電子商務的首創者，線上學習已經成爲 IBM 員

工培訓學習的一種重要方式，是全球企業界員工培訓的大趨勢。網路線上學習體現了培訓學習的隨時、實用理念。常見的線上學習方式有三種：光碟、局域網和網路學校。

IBM 在全球設立有網路學校，稱之爲 Global Campus，其中有 2000 多種課程，全球範圍內的員工都可以利用這所網路學校來進行有計劃的學習。學習的方式也有三種：下載之後再學習、互動地進行學習(學員學到那裏都可以隨時停下來，也可能會提出一些問題來讓學員回答)、協作學習(不同的人在一個虛擬的課堂上一起學習、討論)。

IBM 公司還在局域網上設有一個技能開發系統，這相當於一個自我評估和提高的解決方案。員工在工作中發現自己的技能需要提升時，就可以申請進行學習。

IBM 除了爲員工提供廣泛地通過課堂進行學習的機會外，更重視讓員工在崗位上學習，爲員工提供在 IBM 不同的職能部門工作的機會，讓員工在工作中成長。爲此，IBM 在公司內部實行崗位輪換制，根據員工需要定期輪換。

在 IBM，爲了讓員工成長爲具備全球化視野與思維、行爲方式的高級人才，非常重視對員工實施國際化技能培訓，這種通過在不同崗位工作方式進行的培訓一般經過兩個階段來實現。

第一，是讓員工走出去，通過各種國外培訓等機會來瞭解自己與全球其他專業人才的差距。IBM 大中華區創始人、CEO 周偉說，IBM 有很多年輕的管理人員認爲他們自己是全世界最優秀的人，他們經過國外的工作與培訓，回國後會改變以前對

自己、公司以及夥伴關係的看法。

第二，將具備潛力的員工派遣到一個新的國家，在完全陌生的環境下工作。而且安排與其經歷完全不同的工作，這項工作正是爲了提高其欠缺的某種能力與素質。那些在完全陌生的環境與新工作中能夠生產下來，並做出業績的人，才是真正有國際化領導才能的「國際藍」。例如，IBM 大中華區創始人、CEO 周偉曾經在日本做亞太區總裁助理，幫總裁拿公事包，做各種事情。後來在澳大利亞接受國際化培訓。周偉在澳大利亞接受國際化培訓期間，曾經面臨「痛苦」與「彷徨」，周偉介紹，本來是技術背景的他，被派去做銷售工作。起初的 6 個月，他什麼產品都賣不出去，讓他感到痛苦與彷徨。這時，發揮神效的是 IBM 公司引以爲豪的「師傅徒弟制」與周偉堅定的信心。周偉的師傅幫他分析工作情況，鼓勵他一定會成功。最終，周偉在銷售崗位同樣取得了成功。

可想而知，作爲全球最大的國際化跨國公司之一，IBM 以跨越國界的工作鍛鍊來培養高階主管的全球化觀念與跨國工作經驗是多麼重要，這是在培養與增強 IBM 的全球競爭力。

11

通過短期體驗成長

工作任務對「人才加速儲備庫」成員的培養很關鍵，但除此之外還有另一個重要的培養工具經常被大家忽視——短期的學習體驗。

短期體驗，顧名思義是與工作任務相比較爲簡短。此外，它們所提供的機會有時是獲知或觀察技能而不是掌握技能。

短期學習體驗通常是在企業內部，但在企業外與客戶、經銷商或社區組織、行業組織接觸時也可能有這樣的機會。使用短期體驗作爲一種培養策略的情況越來越多，因爲企業發現需要在一系列更大範圍的工作歷練和機構知識方面加快發展。以下是一些短期學習體驗的例子。

◎企業內部的體驗

- 協調政治、文化上較敏感的事件，例如國外代表團的訪問。
- 代表企業出席政府會議。
- 出席專業會議或行業大會。

・對企業多樣性進行研究。

・參加公司或部門的長期規劃陳述會。

・參加專門工作組，向董事長就可能出現的問題做簡要報告。

・管理一個項目組或特別工作組。

・管理或參與虛擬工作組。

・推動一個領導力培訓項目。

・擬訂一個針對特定人群或技能組合的培訓項目。

・輔導一個同事。

・開發新的程序或系統。

・負責某個流程(例如分銷或薪酬)。

・評審由資深管理層所做的工作彙報(例如，向董事局做的報告)。

・與來自不同行業、不同文化，具有不同觀點的人交流。

・參與跨企業的生產、金融和財會協會。

・自願參加短期國際任務。

・負責接待公司外地職員或者其他公司人員的來訪。

・參與管理重大項目(如推動一項業務)的小組。

・參與外包決策。

・撰寫銷售計畫報告或競爭分析報告。

・爲一項調查採訪主要高管(例如，決定新項目是否需要)。

・撰寫項目報告。

・就一項計畫或議題與他人辯論。

・參與新員工動員或給新職員介紹企業情況。

・管理一個全球性團隊。

・對某個人進行技術領域的培訓。

・管理一個不斷提高品質的團隊。

・撰寫新項目提案。

・教授一門課程，作爲高管培養項目的一部分。

◎與客戶、經銷商或外部機構接觸的體驗

・拜訪客戶或供應商。

・參與客戶的新產品開發委員會。

・爲客戶或供應商解決問題。

・參加客戶或供應商的會議。

・在客戶或供應商的企業承擔臨時任務。

・與客戶或供應商談判。

・協調承擔公司任務的外部顧問工作。

・在經銷商大會上發言(例如銷售會議)。

・教客戶如何使用新產品。

・與標竿企業就某個業務問題或流程的處理方式進行基準比較(獨立負責或作爲團隊一份子)。

◎與社區或行業組織接觸的體驗

・領導一次慈善募款行動。

・領導某慈善機構的戰略規劃委員會。

- 協助某慈善機構擬訂願景或宗旨陳述。
- 協助醫院的管理者實施一項提高品質的方法或其他項目。
- 與當地教育系統合作，保證畢業生具備就業市場所需的技能。
- 評估社區對公司的看法。
- 領導一個致力於商業創意的國際青年組織。
- 爲一個負責制定方針、政策或程序的專業委員會工作。
- 協調某專業組織的一次會議。
- 評價提交給專業刊物的文章。
- 出席在他國舉辦的專業會議。
- 參加某董事會。

◎能力培養

如下表所示，短期體驗在對某些能力的培養上很有效。

通過短期體驗培養能力

有待培養的能力	短期培養體驗
人際交往技能	
高效溝通	·爲當地慈善機構或高雅藝術團體(如本市芭蕾舞公司)擔任公共聯絡員。 ·主動撰寫或分發某個團隊的進展報告。
有效的跨文化人際溝通	·任職於一個負責確認公司少數民族員工貢獻的委員會。 ·任職於一個負責爲很有天分的少數民族年輕人尋找公司實習機會的小組。
發展戰略人際關係	·加入一個由具有合作行爲典範的人領導的委員會。 ·領導一個委員會,該委員會需要企業不同職能部門間的緊密合作或者與重要客戶的合作。 ·進行一項調查，收集有關組織關係成功的資訊。
說服力	·給一個準備向潛在客戶做重要介紹的銷售隊伍提供技術支援；觀察並給出意見。 ·爲某項善行籌款。
領導技能	
培養企業人才	·進行一個人才留任方面的調查——找出人員離職的原因。 ·輔導/指導新員工，並就成功尋求回饋意見。

續表

變革領導力	・利用一次變革進程輔導一個團隊。 ・實施一個部門的變革。 ・教授一門有關變革管理的課程，對比成功和失敗的變革。
輔導/教育	・跟從某位本身是優秀教練的領導人。 ・給企業內部或外部的某個人做教練或導師。
高層授權	・領導一個委員會，委派重要任務給其成員。
推銷願景	・在某次政治或社區活動中演講。 ・加入一個負責實施新戰略的團隊。
團隊發展	・加入一個短期工作組。 ・領導一個解決品質問題的公司或供應商委員會。 ・積極參與一個團隊的創建和日常運作，包括授權、制定宗旨和尋求內部夥伴的意見。 ・調查團隊成員對團隊進展的滿意程度。
商業/管理技能	
商業敏銳性	・加入負責評估收購對象的委員會。 ・與某個具有非常敏銳的商業意識、試圖扭轉一個虧損部門的人合作。
企業家風範	・參加客戶會議，確定他們的需求。 ・找出那些經銷商最具創業精神，研究他們怎樣得到創意以及如何付之實踐。 ・加入一個藝術團體的行銷委員會。
制定戰略方向	・加入企業內部或慈善機構或藝術組織的戰略制定團隊。 ・教授一門有關戰略的課程，該課程需要審核戰略專家提出的方法。

續表

全球視野	・領導一個國際委員會開發績效評估或遴選系統。 ・與國際代表會面，尋找某個常見問題的解決方案。例如，如何以最佳方式在全球範圍內分享電子文件。
高層工作管理	・組織一項涉及全公司的慈善活動。 ・領導一個負責計畫全公司年度假期安排的委員會。
調動資源	・加入一個負責實施某項戰略或重大企業變革的委員會。 ・協助計畫一項重大的主區活動(例如遊行或節日慶祝活動)。
有待培養的能力	短期培養體驗
制定運營決策	・領導一個面臨艱難抉擇或挑戰的社區組織(例如，爲盲人重新安置學校)。 ・加入一個由具有優秀決策能力的人領導的委員會。
個性特徵	
準確的自我認識、適應能力、充沛精力、高管風範、學習導向、積極樂觀的性格和解讀環境的能力。	・觀察某些具有重要個性特徵的榜樣。 ・撰寫一篇文章，闡述與某個個性特徵有關的、能促進成功的具體行爲。

◎短期體驗的實踐

短期學習體驗會帶來了許多顯著的成效，例如，在某家企業中，一個很有前途的年輕高管有時在做跨部門的陳述報告時表現很差，然而在其他時候，她的工作卻很出色。問題不在於她缺乏技能，而是缺少準備。雖然她得到了回饋，告訴她需要多花點時間準備，但是她卻固執地認爲，管理自己部門的直接業務比擠出時間準備陳述報告重要得多。最後，她有兩次被要求去旁聽首席執行官排練陳述報告然後給出回饋意見。看到首席執行官在陳述報告上花的時間和精力之後，她開始懂得了準備的重要性。在此之後，她在準備陳述報告時就投入了更多的時間和精力。

在另一家企業，管理層正在考慮把一個新近崛起的經理派駐到該公司的法國辦事處，在那兒，他將與法國政府的高級官員打交道。但這位經理在社交場合不太老道。他沒有護照，從來沒有出過國。事實上，除了自己在農村的家鄉以外他沒在別的地方呆過多長時間。所有瞭解這項任務的人都有一個共同看法，那就是，儘管這位經理具備優異的專業技能，在公司其他職位上也證明是很成功的，但對於這樣的任務，他很可能會感覺並表現出不自在。

這家企業沒有把他直接放在這個必須從尷尬的錯誤中吸取經驗教訓的環境中，而是派他和一個資深高管多次同去法國。管理層同時也確保安排他參與公司款待法國辦事處的同事和來訪的法國客戶。他還被派往參加在法國舉辦的一個行業會議，甚至接受了基本的法語口語培訓。這位經理非常聰明，學得很快，所以他很快就具備了成功完成工作所需的技能。

◎培養社交技能

這位經理的故事現在並不罕見。事實上，經驗告訴我們，很多(而且越來越多)即將跨入高管行列、專業才能很強的人並不具備高管職位所必需的社交技能。那些習慣穿牛仔褲、吃速食和獨自工作的高科技天才，現在常常發現自己處於不熟悉、不自在的社交場合。這些新的職責可能會要求他們與衣冠楚楚的銀行家或投資機構的代表們打交道，或者在正式宴會上做些非正式的演講。這些快速升職的人員需要參與這些場合的體驗，避免以後成爲令人難堪的焦點，使自己、使公司尷尬。也就是說，要讓他們參加一些學習場合，讓他們可以觀察到自己需要學習的行爲。比如，公司可以讓「人才加速儲備庫」成員跟隨公司的投資銀行家去參加其他公司財務人員做的演示報告會。

這一問題並不僅僅局限於高科技創業者。許多新任命的高級經理們並不清楚在現場訪問或款待客戶時應該怎樣做，這在很大程度上是由於他們沒有機會看到經驗更豐富的高管在這些場合中的表現。在 20 世紀 80 年代至 90 年代初的大規模裁員之前，許多管理實習生通過爲公司高管做助理而學到了適當的高管行爲。實習生什麼都做，包括開車把高管從一個會場送往另

一個會場，拎包、跑腿等等。重要的不在於實習生做了什麼，而在於他們親眼觀察到了高管們的工作及行爲方式。這樣的工作並不令人興奮，也沒有挑戰性，而且對於企業的成功肯定也不是至關重要的。事實上，這也就是爲什麼在裁員的浪潮中這些工作被取消的原因。但是，這種職務確實讓實習生瞭解到了一些高管必須具備的更微妙的技能，例如：

- 意識到會場或餐桌上座位安排的重要性。
- 瞭解如何發送表示感謝和鼓勵的資訊。
- 能夠應付臨場發揮的場合，比如高管會突然被問道：「請就企業的未來說幾句。」
- 知道離開宴會的時機（因爲許多人要等高層領導走後才能走，所以來訪的高管不宜待得太晚）。
- 瞭解何時應該邀請配偶和其他重要人物，何時不應該。

這些社交技能是必學的，而短期學習體驗正是傳授這些技能的絕佳方式。

◎提前計畫，但要靈活

儲備庫成員應該盡可能多地參加不同的短期學習體驗。學習機會應該在培養規劃會上與儲備庫成員的主管和導師們討論並確定下來。

儘管如此，認識到許多短期培養事件無法事先計畫也是很重要的。商業上有很多意外，例如，總會有來自某國的代表團幾乎沒有任何通知就決定訪問公司辦事處，或者公司被選爲廣

受注目的社區慈善活動中的代表企業等等這樣意想不到的事。因此，主管和導師們需要時刻注意新的學習機會，並隨時準備在機會到來時迅速委派儲備庫成員。

12

通過培訓成長

在「人才加速儲備庫」系統裏，培訓能夠促進儲備庫成員能力的培養，在一定程度上加強他們的機構知識，還能提高成員的積極性，強化企業的願景及價值觀。

以下將討論一些關係企業內各級人員培訓的重要問題，因爲各級人員都會參加「人才加速儲備庫」。我們知道，隨著個人職位的提高，正式培訓越來越不適宜。儘管「培訓」一詞讓人聯想起枯燥的課堂或者更糟糕的事，但中層和高層管理者通常確實需要培訓。這裏指出尤其適合高層管理者的培訓方法。培訓專家面臨的挑戰是，給中層和高層管理者培訓的方式應該有趣、簡短並充分顯示「實際價值」。

儲備庫成員通常使用三種基本培訓方式：轉型培訓、指導性培訓和特別培訓。培訓的形式有多種，從傳統的課堂教學到線上自學以及針對高管的一對一培訓。這裏將探討這三種培訓方式怎樣培養儲備庫成員，並討論如何確定最合適的培訓方法。

大多數組織提供了某種課堂形式的轉型培訓，幫助有前途的領導人適應升職後遇到的情況。通常而言，轉型培訓是在個人升至主管、中層或戰略管理層時設置的，這時他們面臨著工作技能、知識和職責要求方面的重大變化。

轉型培訓由三個部分組成：

- 角色（內容）——個人在目標級別上的職責。例如，主管的角色可能包括教練、團隊建設者、人才培養者。角色受工作內容和組織價值觀所驅動（例如，企業對多樣性、客戶服務和授權的立場）。
- 能力（方式）——實現角色必要的行爲（技能）。例如，做演示報告和領導團隊可能是升職的必要技能。
- 體系（途徑）——實現角色必要的組織體系和程序。例如，新主管必須瞭解企業的績效管理方式和預算體系。

因爲集中了各部門的人員，轉型培訓項目還幫助受訓者與同事建立起重要的聯繫。儲備庫成員和其他人員一樣，在升至某個級別後通常就要接受同樣的轉型培訓。

13

向總經理級轉型

當某個級別必須要參與制定戰略和長期規劃，必須要從整個企業的角度來考慮事情時，就已經是總經理級別。在這一級別，轉型培訓更多集中在角色上。一般認爲，如果個人達到了總經理級別，就已經培養了足夠的行爲能力，例如，規劃或領導能力；如若沒有，將根據具體情況加入指導。人們還認爲，這些人已經或者將會掌握組織機構的知識，或一旦需要就能掌握，惟一缺乏的就是對職責的瞭解。奇怪的是，越來越多的經理在獲得戰略領導職位時，卻不瞭解他們的職責所在──他們必須擔任確保企業成功的角色。而即使瞭解這個角色，他們也不是非常擅長。我們認爲，這些知識和技能缺陷是由於取消了某些組織級別而造成的，例如「助理」和「副手」的職位，過去這些職位提供了絕好的適應新職的機會。

在高層培訓項目中，共用的參與者回饋是一個重要的學習元素。在組織上下拓寬機構知識和建立人脈是主要的「額外」成果。此前不久，內部戰略層次的培訓課程還很少，但是現在越來越多的公司似乎認識到，很多進入高管層的人需要進行入職培訓。企業正實施培訓項目來滿足這些需求。

DDI 的「戰略領導體驗」(SLE，Strategic Leadership Experienee[SM])培訓項目，是專注於角色的高管層轉型培訓的一個好例子，它教授的是下表中列出的 9 個戰略領導角色。SLE 培訓項目運用了積極參與、電腦化的管理比賽，允許參與者通過經營一個爲期「三年」的模擬企業來嘗試這些角色。參與者意識到角色的重要性並深刻認識到與每個角色相關的有效行爲。他們能把自己在比賽中的成功與同僚進行比較，這使他們保持了很高的積極性。在每個商業週期(即「一年」)和比賽結束時，參與者一起分享體會和策略。

「戰略領導體驗」培訓課程設置樣例：

有抱負或新上任的總經理的轉型培訓項目

SLE 項目是在 9 個戰略管理者的領導角色基礎上建立起來的。這 9 個角色如下：

1.導航者：清楚快速地處理複雜的問題、矛盾和機會，將之轉化成有效行動(例如，利用機會，解決問題)。

2.戰略家：制定長期行動計畫或實現企業願景的一系列目標。

3.企業家：爲新產品、新服務和新市場確定並開拓機會。

4.動員者：事先建立並協調利益相關者、能力和資源，從而快速完成工作，實現複雜目標。

5.人才支持者：吸引、培養和留住人才，確保那些能滿足企業需要的有能力、有動力的人才在適當的時間出任適當的職務。

6.激勵者：形成對共同目標的熱情和投入。

7.全球思維者：綜合各方面的資訊來發展廣博、多樣的觀點，這些觀點可以用於優化企業績效。

8.推動改革者：創造變革的環境，實施變革，並幫助其他人接受新觀念。

9.企業守護人：通過做出支持企業或部門利益的大膽決議，保證股東的價值。

此外，這個項目使參與者熟悉常見的高管缺陷，並提高他們對潛在問題的自我洞察力。

◎指導性培訓

儲備庫成員常常參與根據其個人具體需要而設計的培訓活動，「優先發展事項列表」中列有這些需要。下表提供了指導性培訓所涵蓋的一些主題。

對中級或以下級別的「人才加速儲備庫」成員來說，培訓可以在有共同需要的群體中進行，也可以通過內部或外部公開課的方式或電子培訓項目的方式進行(例如，網路培訓)。中層和高層的管理者可以通過參加大學或培訓公司組織的短期項目，也可以通過參加一對一的培訓(通常再和輔導相結合)，從而滿足特定需求。

指導性培訓項目所涵蓋的主題範例

- 自己的言行與他人的看法一致
- 交流（公眾演講、新聞發佈會、電視訪談）
- 建立合夥人關係
- 國際競爭方面的財務問題
- 建立全球行銷競爭力
- 戰略決策和制定戰略
- 戰略聯盟
- 執行商業戰略
- 在瞬息萬變的世界裏進行規劃
- 國際有效性
- 掌管變革/創新

◎對高級主管的一對一培訓

企業開始認識到讓高管們參加正式的培訓特別困難，而且不管他們對網路有多熟悉，讓他們參加網上培訓也幾乎是不可能的。有一個選擇是一對一的培訓，在這樣的培訓裏，教員所講述的內容和課堂上所使用的是一樣的，只是做了縮減，以滿足高管們特殊的商業和個人需要。

一對一的培訓和高管輔導並不相同，高管輔導通常是幫助高管找到問題的解決方案，儘管輔導過程中也含有一些培訓的元素。當企業採用新的選拔面試系統時，一般會採用一對一的

培訓方式。所有的主管和經理們經歷兩天的面試官培訓項目，這讓他們有機會練習面試真正的求職者，並接受回饋意見。企業認識到，新系統的成功關鍵在於高管層的示範、支持和鞏固，同時也認識到讓高級經理們接受培訓很困難，於是爲每位高管安排兩個小時的強化培訓。接下來，教員觀察高管必須進行的面試，然後對他們運用面試技巧的情況提出回饋。兩天和兩小時的項目由同一位教員執行。通常來說沒有針對高管的後續項目。

要想加強高管們的績效管理技能(例如，擬訂自己的績效計畫，評價和協調他人的計畫，與上司和直接下屬討論他們實現目標的成績和失敗之處)，最好的方式就是完全採用一對一的培訓。在教授一個小時的基本原則之後，教員幫助每位高管完成績效計畫，此外還要審核直接下屬遞交上來的計畫(這是高管們必須做的工作)。然後，教員和該高管討論應該如何和直接下屬合作，來提高他們績效計畫的品質。

當高管們評估直接下屬的目標成果時，他們要接受一個小時的一對一培訓，隨後是計畫會議，主題是如何討論直接下屬的業績。如果事先準備好了問題，教員和高管們就模擬進行討論。高管和教員有時候會一起聽取特別棘手的績效討論。教員每年回來提供幫助和建議。三年以後，高管層的所有成員都能成功地使用績效管理系統。就我們所知，這是北美行業的第一次嘗試。實施這一系統代價高昂，但結果證明還是物有所值。所有的高管都認爲，從正在發展的具體戰略目標來看，目的更加明確了，所以教員的努力沒有白費。

在上一個例子中，一對一的高管培訓在培養行爲技能方面是行之有效的，例如，面試、績效管理(評估)討論、對多角度(360°)或其他回饋資訊的討論、談判、輔導和培養領導才能。如果可以同時提供認知材料和行爲典範，那麼高管也可以和教員模擬實際場景。輔導的時機要選擇好，要使高管隨後立刻有機會在實際工作中運用這項技能。然後在理想的場景下，教員觀察管理技能在實際生活中的運用，並提供回饋資訊。

在培養認知和管理能力的時候，比如分析力、判斷力以及願景領導力，一對一指導的效果就不那麼明顯了。課堂討論的價值在一對一的培訓中很難複製。高管輔導則是更好的選擇。

◎做出更好的培訓決策

培訓是「人才加速儲備庫」的主要投資部分，同時也是節約開銷和提高效率的地方。爲了幫助企業實現其培訓目標，我們在「培養接班人」網站上提供了大量的指導。

1. 儲備庫成員有效培訓的基本組成部分

一個好的出發點是，確保你正在使用最有效的策略的培訓方式。企業的每次培訓機會都應該考慮有效培訓的 11 個因素：

- 把培訓重點集中在最大投資回報率上。
- 清楚自己的目標。
- 選擇恰當的培訓模式。
- 因人設置培訓，但不要過度定制。
- 隨時間進度延長培訓週期。

・提供實踐和獲取技能的機會。

・樹立學以致用的信心。

・使用高素質的教員。

・選擇正確的地點。

・讓學員做好學習的準備。

・讓更多的高管參與進來。

2. 選擇培訓方式

你在使用最有效的培訓模式嗎？包括通過光碟、網路、公司內部網的自學和通過電視會議遠端學習。稍加調查研究就會有很大的回報。

3. 結語

對個人進行培訓並不能夠消除重要的管理發展差距，但是培訓可以大大減少這種差距。培訓必須結合實際應用所學到的知識、技能和行爲的機會，在應用前、應用中和應用後必須通過輔導和適當的回饋才能得以加強。恰當的培訓方式——課堂教學、通過網路或者一對一——實際上可以在很多場合加速學習。爲什麼讓經理們費力找尋正確做事的方法呢？幫助他們學會必要的知識或行爲，讓他們把寶貴的時間花在實踐和創造成功上才是更有效的。遺憾的是，提供給經理和高管們的大多數培訓是在浪費他們的時間和企業的金錢。這些培訓並沒有增強必要的知識、技能和行爲，而只是浪費時日。企業的挑戰是成爲明智的培訓消費者。

14

通過專業教練成長

新任高管們很快就認識到，原先曾幫助他們應對各種複雜挑戰的支援系統不能再保護他們了。當升遷到職責更爲廣泛和模糊的職位時，他們發現，那些具有洞察力、技能或時間能向自己提供建議和諮詢意見的同僚、上級高管越來越少。

儲備庫成員往往都參與過某些競爭，知道不管是在體育競技場上還是在其他以目標爲導向的奮鬥中(例如爬山和辯論俱樂部)，教練的幫助都很大。

對於許多儲備庫成員來說，「高處不勝寒」是他們所處狀況的真實寫照。他們急需瞭解自己所面臨的特殊挑戰，他們需要中立的顧問提供明智的建議，使他們既能優化業績，又能優化職業發展。

高管教練的概念隨之誕生。教練可以幫助運動員達到巔峰狀態。同樣，懂行的教練也能夠對高管業績做同樣的輔導。教練在「人才加速儲備庫」和其他重要應用領域中都得到了運用。本章將揭開運用教練力量的神秘面紗。

◎何為高管教練

在我們看來，教練是個人發展和業績的催化劑或推動器。高效的高管教練被看做是戰略性的合作夥伴，他們的商業經驗、診斷的洞察力以及事先的指導給領導者們提供了實實在在的價值。大家所理解的「增值」和「默契」是輔導關係成功的關鍵。

優秀教練的高度可信性能贏得他人的信賴，從而使高管們拋開強烈的自我意識，從診斷意見、持續(精確的)回饋、績效建議和職業忠告中獲益。能讓日理萬機的高管們保持興趣，積極參與耗時費力的評鑒流程，可是了不起的成就。

可是，專業的高管教練到底做些什麼呢？

高管教練提供的服務多種多樣。高管千差萬別的需求(例如，加速發展或補救措施)及其所處的職業階段(例如，起步期、過渡期、職業生涯的中間期或成熟期)，必然會需要不同的輔導方式。下表的概念模型展示了高管教練提供的支援。

專業高管教練提供的支援一覽

診斷和基於結果的回饋（學會技能）	加速輔導（爲獲得成功優化技能）	高管輔導（全方位）
診斷	發展規劃	高管/領導力輔導
・在職。 ・多角度（360°） ・加速發展中心。 ・訪談評估。	・統一制定所需的重要成果。 ・確定培養目標（行爲性的，可衡量的，以及與商業戰略有關的）。 ・擬訂培養行動。 ・存檔。 ・心理上投入。 ・確定必需的資源。 ・確定發展進程的監控方法。 **一對一培訓** ・學會目標技能	・個性化的目標和流程。 ・長期的夥伴關係。 ・諮詢小組/幕僚。 ・商業、文化和/或個人的轉變。 ・注重結果。 ・真誠客觀的回饋意見。 **對結果的評測** ・評估完成目標的進展。 ・確定需要繼續培養和發展的領域。

◎重點突出的加速輔導

一般說來，當專業高管教練被用於「人才加速儲備庫」的戰略時，其支持主要在於表中左邊和中間兩欄。教練常常起著收集診斷數據的作用，以補充用於提名和/或加速中心的數據，然後在回饋會議上解讀或交流其趨勢和主題。在幫助儲備庫成員更好地理解可能妨礙其業績和事業進步的特殊缺陷方面，教練尤其重要。教練可以幫助儲備庫成員預測他們容易產生某些缺陷行爲的情況，並和他們一起，制定彌補這些行爲的策略。

在那些評鑒、回饋和發展規劃效果不佳的企業裏，專業高管教練可以彌補這些不足，尤其是在評鑒回饋之後的發展輔導方面。教練著重於幫助儲備庫成員制定具體的發展計畫，以及確定衡量和監控進度的手段。輔導的次數並不固定，但通常是1~3 次集中交流。在「人才加速儲備庫」運轉良好的企業裏，提供給儲備庫成員的最常見的輔導形式，是圍繞著一個或幾個高管能力或高管缺陷進行的加速輔導。如果儲備庫成員或高管資源委員會覺得需要推動加速培養，這時就可以採用教練。輔導的次數取決於培養目標的數量和複雜程度。一般來說，在剛開始的半年裏，教練和儲備庫成員每月會面一次。

◎職責更廣泛的高管教練

除了直接加速培養儲備庫成員之外，高管教練還可以用來處理更複雜、更深入的高管績效問題。我們把這些更廣泛的輔導關係稱爲「經典高管輔導」。這些關係常常較爲持久，可能會支持一個「終生」發展計畫，根據客戶的具體需要和動機而設立。因此，輔導可能涉及到廣泛的挑戰，包括職業和個人壓力、戰略性思考、個人健康、財務管理或避免企業內的政治糾葛。這些長期型的高管教練既可以定期(如按月或季度)，也可以根據實際需要隨時提供輔導。

高管教練也可能在兩三次輔導中間進行短期的積極介入。例如，可以引入教練幫助某位高管準備和適應即將來臨的國際任務，或者克服與某重要夥伴的關係障礙。

第七章

空　降　兵

1

「空降兵」也有風險

對於企業而言，人們從最初的追求技術、管理模式、經濟增長、資本、經濟效率，到追求資訊、人力資本、知識，最後到具體的每個人身上。也就是說，一個企業如要發展，要在現代激烈的經濟競爭中立於不敗之地，管理層成員必須發揮重要的作用，其中的管理層也包括企業未來的接班人。

企業引進「空降兵」這個現象在全世界範圍內很常見，「空降兵」是外來人才作爲領導者，他們對簡陋封閉而保守傳統的企業本身有著更新啓動的意義。企業管理水準若相對低下，引進「空降兵」更是有格外深遠的意義。

其一，對於企業來講，引進「空降兵」是一個模式的突破。領導者的個性，尤其是一個成功領導者的個性，普遍非常強。因而，在他們指揮下企業也有著十分倔強的「個性」，這種「個性」可能正是每個企業在新環境下發展的障礙。如果企業繼續從內部尋找接班人，那麼對於突破一個企業過去的經營模式，通常是非常緩慢，而且不徹底。但是「空降兵」不存在這種問題，因爲他不受企業原有「個性」的束縛，相反的，他還會對這種「個性」進行審視，必要的話還會調整戰略、改革模式。

在追求不斷完善、不斷超越自我、不斷超越極限的征程中，「空降兵」的高管人員起著主導作用。

其二，在公司實施戰略變革下，引進「空降兵」是全公司範圍內考核激勵體系的調整。這個調整會牽涉到公司很多員工，其中最重要的就是一些主要崗位的管理層人員。其調整包括：升或降、進或出。

其三，儘管很多「空降兵」的結果都很尷尬，沒能實現他們預期的目標。但我們在這裏還是要強調，空降兵的最大意義就是：使公司在真正意義上走出「人治」，邁向「法治」。不管是這個「空降兵」有多少期權或沒有期權，由於有了市場化流動的職業經理人，企業的決策層和執行層的分離需要更加到位、切實落實，公司的財務制度更要標準化和富有市場公信力，人才的進步和升降也就更加市場化和職業化，企業原來的地方色彩、行業色彩和由歷史原因造成的個人色彩都要被標準化、規範化。

雖然著名的管理學家柯林斯曾經認爲：偉大的公司都有十分推崇的「自家長成的經理人」。而且他在寫《基業常青》時還發現，18 家偉大的公司在總共長達 1700 年的歷史中，只有 4 位 CEO 來自企業外部。「自家長成」的經理人瞭解公司文化，更易帶領公司進行變革。

不引進「空降兵」是可以理解的，因爲，企業引進「空降兵」有一定的風險，他們的業務能力一般不會有太大問題，但問題就在適應性上，即對業務環境、人的環境、企業文化環境、上下級互動關係等等的適應上。

具體而言，引進「空降兵」的風險表現在：

其一：企業管理體制不合理，與「空降兵」的心態和觀念有較大碰撞。

企業引進「空降」經理人都是有一定原因的，而這個原因大多數是管理體制出現問題，企業老闆對空降兵寄以厚望，期待他們能夠創造奇跡，拯救企業。但是並非所有的「空降」經理人都能如願。

其二：業績難做好。

企業追求的是利潤，在利潤至上的原則下，業績做不好，顯然是高層管理者地位下降或離職的最常見原因。企業看重的是結果，業績不好，關係再好也會被「拿下」。「空降兵」離職或地位下降，多多少少都與業績有關。

其三：「高薪不勝寒」。

企業爲了吸引「空降」經理人，同時，「空降」經理人也爲了防範風險，這兩種形式使「空降兵」的薪水要比內部人高出許多。而一旦如此，必然會造成「空降兵」們一種急功近利的心態，並導致企業內部人員與其之間的矛盾，而這種矛盾會成爲「空降」經理人進行改革創新的巨大障礙。薪水無疑是企業和「空降兵」之間取得價值認同的一個重要體現。

經理人在「空降兵」之前應該對企業的經營目的有清晰的瞭解，如果面對危局，就必須對將要付出的代價和總體得失有一個理性的評估。否則，估計不足而輕易「空降」，很可能會得不償失。

其四：改革過於柔性，起不到作用；過於激進，陷入尷尬

境地。

很多「空降」經理人到了企業都面臨著巨大的管理頑症，過於柔性的改革根本起不到作用。而過於激進的，不僅改革不下去，還弄得業務和人緣兩受傷，只有離職的選擇。傑克・韋爾奇曾說過，必須讓運行中的風車保持平衡。一方面，企業領導要給「空降」經理人一定的時間和空間；另一方面，「空降」經理人也要爲企業負責。畢竟，激進的結果往往是好心辦壞事，讓自己樹敵過多，陷入「四面楚歌」的尷尬境地。

其五：個性太強，面臨與企業溝通的問題。

有人的地方就會有矛盾。矛盾與分歧並不可怕，重要的在於通過良好溝通解決矛盾。而個性太強的人則由於過於固執而行事不當，造成人事緊張。

2

空降 CEO 必須解決的問題

◎公司文化差異是關鍵

就本土企業來說，90%以上的企業文化都是企業家文化。企業家文化就是指企業家及其企業領導群體，爲了共同的事業理想，憑藉自身堅強意志、宏大的氣魄、高超的戰略、博大的胸懷，創造性地高效整合、利用和影響週圍各種資源的內外在表現。企業家文化造就了企業文化，比如張瑞敏的創新思想造就了海爾的創新文化，軍人出身的任正非培育了員工的「狼性」素質。

企業文化是在企業內部長時間沉澱的意識、精神。任何一個優秀的企業，必然有與之相適應的企業文化，企業文化體現著企業核心的價值觀，企業文化是全體員工衷心擁護、認同和共同享有的核心理念。然而，「空降兵」作爲領導層或者接班人「空降」到企業，未必馬上能與企業文化相融合。

「空降」到一個企業的經理人，無非有兩種可能：一種是融入企業的文化，改革成功，然後把企業文化發揚光大；另一種是，進入企業以後，不能融入這個企業的文化，或者說被排斥，導致黯然離職。

正如我們上述所言：任何一個企業從初創到成長、壯大，必然會形成自己獨特的企業文化。那麼作爲職業經理人，特別是外來的「空降兵」，必須把握一個前提就是要在價值觀共同的基礎上，尋求文化理念的一致性，或者說要先承認企業原有的文化。這一點對「空降兵」以後的工作，及其改革都有很重要的作用。

在某種程度上，經理人的「空降」，會對原有的員工和其既得利益者有所衝擊。企業對新人總是心存戒備，很難對他們稍有出格或不同於企業舊有規章的舉動有所包容，知識的碰撞、人格的衝突始終是彼此無法回避的問題。因此「空降兵」爲了

避免一些麻煩，最好主動瞭解企業，包括企業的發展史、企業文化、決策機制和關鍵的人際關係等等。

企業如果要聘請「空降」經理人，一定是有自己解決不了的問題。所以「空降」經理人一上任都被寄予厚望，企業希望他們能力挽狂瀾，擺脫企業經營不利的局面，而「空降兵」們自己本身也有很大的壓力，所以有的難免急功近利。在對企業進行某種變革時，一些「空降兵」「新官上任三把火」，急於求成，效果反而不好。

一般來說，企業聘請的經理人都受過較高的教育，懂得先進的管理理論與方法，但是這些理論和方法並不是完全普遍適用的。要想成功有效地領導企業，必須根據新的環境，將新的管理理念和方法做些調整，使之有效地改造原有企業文化。特別是在西方國家接受過訓練的「海歸派」，如果不能適時應變，在管理中就會產生「水土不服」，就會形成無效管理。另外，對於企業的真正最高管理者來說，還要給予「空降」經理人理解和支持，對於一些權力該放手時就放手。

一個優秀的「空降兵」應有領袖風範，無論「降」到那裏，週圍都會形成一個以其爲核心的、富有戰鬥力的團隊。領袖的魅力來源於人格的魅力，而不是權力。

一般來說，股權相對分散、產業變化較快、走多元化道路的企業傾向用職業經理人，反之則傾向內部提拔。

「空降兵」很容易水土不服，即使其來自於同一個行業的成功企業，也同樣存在風險，因爲在同一個市場，對於不同的企業，都有不一樣的特點。如果企業能夠靠內部「賽馬」，形成人才競賽格局，在內部提拔人才、選擇接班人，並逐漸形成一種企業文化，形成按公平的規則去競爭晉升的機會，人人憑能力按規則競爭，那麼，自然也就不用「空降」。

隨便從外面「空降」一個兵過來，必須要在我們社會環境和企業文化裏試一試，才有可能擔當重任。」但當企業內部無法提供人才時，「空降」經理人也是解決問題時方式之一。但要注意的是，職業經理人一般來頭不小，對於新崗位的期望也相對要高，屬於一種強勢外援，所以在引入時要評價其將對企業文化帶來的正面和負面影響。建議深入瞭解其性格、職業記錄、差好的公司文化環境。如果雙方的期望是默契的，合作成功的可能性就會大些。

另外，從某種意義上說，長期拒絕「空降兵」也有一定的負面作用，它會影響到企業深層意義上的創新。要知道，多種文化觀念的撞擊對創新是非常有益的，企業的發展是離不開建設性甚至是「革命」性的新鮮觀念。由於內部人組成的管理團隊在企業文化、價值取向等方面的高度一致，這將會在一定程度上影響企業的創新，而企業成長的靈魂恰恰在於持續不斷的創新變革。

一個企業總裁說：「我絕對不反對引進『空降兵』，因爲在聯想裏面就有大批的『空降部隊』，但是我反對讓『空降兵』一引進就當總裁。我們聯想引進『空降部隊』，可以通過一兩年以後再進一步決定『空降部隊』的方向，因爲引進的『空降兵』是有不同背景的，沒有一個共同的文化作爲一個模子。『空降兵』可以修改一個企業的文化，但是不能完全不尊重這個文化。」

可見，這位聯想集團的管理教父，在這個問題上，的確有與眾不同的觀點。

◎與創業元老的關係

企業在引進外來人才時，必然會打破原有利益格局。尤其對存在管理問題比較嚴重企業，「空降兵」難免會與創業元老產生這樣那樣的衝突，比如權力的再分配、經營理念的碰撞、處事風格的不同……當然，對一些亟待改制的民營企業，引入「空降兵」的一個重要目的就是借助外部力量，衝破原有體制，形成新的權力制衡，進而建立現代企業制度。但是，無論意圖如何，處理好「空降兵」與創業元老的關係，都是引進人才能否成功的關鍵。

有些企業爲顯示招賢納士的決心，給新人創造施展才能的舞臺，開始就都給職業經理人較高的薪酬和權力。有的把用人權、決策權全部下放；有的副總經理級月工資才近萬元；「空降兵」年薪卻高達百萬元。但是，過高的權力和過分的信任，同樣是把「雙刃劍」。

由於職業經理人擁有企業賦予其過高的權利和信任，使得其缺少必要的制約和引導，再加上對企業文化和經營理念也不夠瞭解，所以，爲了便於工作開展，不少「空降兵」上臺伊始，就對下屬進行「大換血」，這無疑大大激化了自己與團隊，甚至整個公司員工的矛盾。爲證明自身能力，宣佈相對激進的經營策略，採取以犧牲利潤空間換取市場佔有率的降價手段，也往往是「空降兵」們的通常做法。如果一系列改變換來的銷售增幅達不到預期，創業團隊的「復辟」就不再遙遠了。所以，職業經理人必須處理好責、權、利的關係，在大刀闊斧施政的同時，與創業團隊儘快完成磨合，這將在很大程度上決定他們的成敗，也在一定程度上影響企業的發展。

因此，一個優秀的企業、一個負責任的企業領導，應該在人才引入後，扶上馬再送一程，避免「野馬脫韁」；同時，做好原有團隊的工作，讓他們能駕馭新團隊中的風險和挑戰。

當年，雷諾汽車公司的戈恩「空降」到日產汽車公司任 CEO 時，曾制定了復興計畫。那時的一切都在秘密進行，爲了保密，在印製復興計畫的書面印刷品時，選擇了與以往不同的印刷商。不僅如此，戈恩還要求所有參與復興計畫制定的人都必須發誓嚴守秘密，「如果洩露就引咎辭職」。

復興計畫準備在三年內裁員 2.1 萬人，關閉 5 家工廠，賣掉非汽車製造部門，將 13000 多家零部件、原材料供應商，壓縮爲 600 家。將佔尼桑汽車成本 60%的採購成本降低 20%。復興計畫內容如此嚴酷，簡直震驚了全日本。消息發佈後，許多員工「止不住流出了眼淚」。

日本的企業文化很特殊，其員工升遷的依據是「年功序列」，說白了就是「論資排輩」。「跳槽」，在日本是難以接受的，企業也不願接收跳槽的人。一個人進一家公司，通常都會工作到退休。而戈恩當時的年齡僅 46 歲，在日本企業只相當於課長。如果不是「外國人」，以他這樣的年齡，恐怕很難服眾。

戈恩在處理與日產公司老員工關係時顯得很聰明，也很成

功。他在不破壞士氣的情況下轉變了日產的企業文化，同時很謹慎地遵從日本的傳統社會習俗。戈恩一方面在日產縮減規模時拒絕裁員，保護公司的特性和員工的自尊心；另一方面他又很快拋棄一些日本的傳統做法(比如資歷體系)，還放棄了根據工作時間長短和年齡付酬及升職的習慣，實行一項「業績計畫」，並開始爲員工提供股票期權和資金。最後，戈恩還劃分明確責任，賦予所有的經理直接管理權。

像所有的改革一樣，戈恩也遇到過阻力。在 2000 年 6 月日產的年度會議上，一位反對者批評戈恩未在講話前鞠躬，並說「我不想購買一個不會正確鞠躬的人生產的汽車，你應該學習一些禮節。」這明顯是員工的挑釁，但戈恩還是溫柔的回答說：「你是對的，有許多日本的習慣我還不知道，因爲我一直非常努力工作，我準備在接下來的幾個月裏變得更加日本化。」在日產公司，沒有什麼是神聖不可侵犯的，戈恩通過退休、人員自然損耗和重新分配至子公司等措施逐漸將日產員工減少 2 萬多人。

戈恩的到任，終於使「能力主義」取代了日產公司原有的「論資排輩」，年輕人在公司受到重用。一位課長表現突出。戈恩讓他一日內連升 5 級；只要能幹，無論資歷年限，立即提拔。

採用合理的方式與公司員工相處，成功的裁減人員是日產復興計畫的一部分，他爲戈恩實施成本戰略提供了條件，也是日產復興的重要因素。

3

「空降兵」的反思

◎「空降兵」的成長

「空降兵」並非企業家，只屬於職業經理人行列。職業經理人是以企業經營管理爲職業的社會階層，優秀的職業經理人應具備這些條件：較高的個人素質、較強的專業技能、一定的管理才能、敬業精神、創新意識以及冒險精神等等。而豐富的工作經驗、深厚的理論功底以及組織協調能力知人善任的用人能力，也是優秀職業經理人所必備的。

「空降兵」與企業的「蜜月期」都不過兩三年，爲什麼時間會如此短暫？對於一個企業而言，兩年，能轉型的足以完成轉型，而不能轉型的時間再長也是徒勞；而對一個「空降」經理人而言，兩年，也許正是作爲職業特長能夠展示的最長時段。戈恩用了兩年時間拯救了日產汽車，郭士納用兩年時間挽救了病人膏盲的 IBM。

「空降」經理人與企業能夠保持和睦相處的也有很多，比如曾經從政的俞堯昌紮根格蘭仕埋頭一干就是幾年，奠定了「全球最大的微波爐生產基地」。可惜的是，相比「空降」時的豪言

壯語，相當多的「空降兵」們既沒有做到，也沒有等到。

從人力資源的角度來講，多次強調引進「空降兵」是有一定合理性的，「空降」現象本身無可厚非，但爲何這些「空降兵」都「未起飛，先折翅」，這可能要歸結於「空降」經理人的成長，更確切來說是職業經理人的成長。

產權利益不一致，企業老闆希望職業經理人能夠在短期內帶來豐厚的利潤，並能夠保持自己對整個企業的控制；職業經理人則更關注企業長期的利潤回報和企業健康發展及品牌的穩步提升，而這些必須依靠一定的權利(最主要是人事權和財權)來實現。然而，當資本所有者(企業老闆)發現職業經理人短期沒有給企業帶來豐厚的利潤或者出現職業經理人加強控制企業的趨勢時，出局的只能是職業經理人。

可以說，在企業現階段，還沒有真正形成職業經理人的階層，特別是在體制上缺乏準備，所有者、經營者、生產者三者沒有通過權力機構、決策管理機構、監督機構，形成各自獨立的、權責明確而又相互制約的法人治理結構。

我們在分析「空降」經理人時，必須考慮其成長環境以及相應的法律、社會條件，如果一味的批評一些「空降」經理人不負責任、素質不高或者一味的指責一些企業所有者「不放權、不放手、不放心」，那是無法讓人接受和認同的。

很多外企職業經理人已經習慣了在良好的平臺上運作，但是對於企業而言，根本不具備這個平臺，或者差異比較大。因此，很多人不知道應該從何下手，這樣在管理上難免會出現矛盾。

例如，某知名企業從微軟等國際知名企業高薪聘請了好幾個職業經理人，並投入重金欲拓展業務，這些人確實很優秀，但這家企業由於不具備完善的管理機制，這批人彷彿上岸的魚不知道怎麼游泳了，折騰了將近一年的時間還是沒有成效。這就是典型的因爲缺乏在企業的運作經驗而導致兵敗的實例。

在目前企業制度的條件下，經理人是企業的靈魂所在，有了這種靈魂的存在，才有了生機勃勃的企業，他們雖然不是企業資產所有者，但卻與企業榮辱與共。支撐這一切的，既有職業經理人的職業道德，更要有科學合理的職業經理人成長環境，而成長環境主要從約束和激勵兩方面來完善。

◎反思「空降兵」

對於「空降」經理人或者繼任者來說，成功，並不是件容易的事，要很好地發揮作用必須有幾個條件：一是企業要有戰略；二是要建立管理系統，有遊戲規則；三是企業管理必須透明，企業家懂得如何跟職業經理人打交道。這樣企業家才能信任職業經理人，使其找到創造價值的土壤。

而對於企業來說，引進「空降兵」要有清晰的思維、一定的計畫，知道自己企業爲什麼要引進「空降兵」？什麼時候引進「空降兵」？以及如何迎接「空降兵」？

高層「空降兵」的引進，是講究時機的，時機不到，引進高層「空降兵」反而有諸多負面影響。

其一，公司現在的戰略思路可能不清晰，戰略目標可能轉

移。由於戰略的制定首先是董事長和董事會的事。所以，高層「空降兵」是無法對其負責任，他也不應成爲公司新戰略的主要制定者和宣導者。所以，在引進高層「空降兵」之前，一個公司的戰略規劃應當先期完成。在明確了戰略目標的前提下，再決定請什麼樣的經理人。

其二，新引進的「空降」經理人會衝擊現行的薪酬激勵考核體系。國際大公司尋找「空降兵」主要讓獵頭公司找，而中國的企業尋找「空降兵」則更多的是以自己物色及「碰」爲主。所以，大多數企業在物色到心目中理想的人選之前，並沒有書面嚴謹的供獵頭公司使用的「加盟備忘錄」。對於一些具體的薪酬發放方式、獎金構成、期權兌現形式等沒有系統成型的方案，視具體的人而變動，所以，這就在客觀上形成了對現行薪酬激勵考核體系的衝擊。因此，引進高管「空降兵」，應是在對公司高層薪酬激勵體系進行反思、修訂和調整之後，作爲一個完整體系的一部分提出。這樣，可以把可能出現的不平衡心理的消極影響降到最低。

正是因爲有這些負面影響，所以企業在引進經理人時，要把握好時機，把握好人選，按照一定的步驟進行。

企業引進「空降兵」需要五大基本步驟：

⑴對「空降兵」的資歷，企業需要反覆核實，其中向他原先供職的單位求證就是個很好的辦法。

⑵在面試時，企業招聘領導通常會因爲自身知識的缺陷，出現判斷失誤，爲了避免這一點，企業在面試時要問得多、問得細，例如通過「在那個企業供職？如何進去？爲何出來？後

來又去了什麼企業？」等問題，多層面、多角度瞭解「空降兵」的誠信問題。如果有條件，不妨請資深管理顧問坐鎮面試。

⑶企業在聘用「空降兵」時，雙方需簽訂嚴謹的合約。「空降」到企業的經理人一般都會擔任要職，企業有必要與經理人簽訂一份合約，這份合約有別於普通人事聘用合約，如果有管理專家和法律專家爲其把關，就能降低企業人才風險。

⑷招聘完畢，等到「空降兵」著陸時，企業就相當於機場地勤。地勤工作不能馬虎，企業主將面對如何授權、分權等問題，要明確「空降兵」的職責，給「空降兵」一個合適的施展空間。

⑸有了「空降兵」並非萬事大吉，企業在監督「空降兵」工作的同時，還要加強學習，提高自身素質，這樣才能在工作中與「空降兵」更好地溝通，促進企業發展。

4

空降兵的生命歷程

美國電視連續劇《兄弟連》中有這樣一句經典臺詞，德國人在阿登反擊中包圍了巴斯托尼，C 連被派去增援這個小鎮。

行軍途中，正在撤退的部隊對他們說：「你們瘋了嗎？！你們進去會被包圍的。」

結果他們得到了以下回答：

「我們傘兵生來就是準備被包圍的。」

空降兵的宿命三步：如果你是一個空降兵，意味著你必須深入敵後孤軍作戰。因此，對於你來說，從天而降、遭遇包圍，堅持到被救援，或者被俘、陣亡是你不可避免的「宿命三步」。

而對於企業裏的空降兵來說，這種「宿命三步」也同樣存在。

由於看到郭士納、麥克納尼、特裏、塞梅爾等職業傘兵的成功，國內的空降兵行情也一度十分紅火。但是很遺憾，上陣的傘兵 CEO 中竟然無一人能逃脫陣亡的下場。

一時之間，國內企業似乎成了空降兵們的噩夢。

一般來說，空降兵的完整宿命歷程是由以下三個階段構成。

1. 降落

第一個階段是威風堂堂，從天而降。

其過程往往是，空降兵與企業老闆幾番懇談，相見恨晚。老闆盛情相邀，充分授權，許以重利，呵護有加。

空降者也信心十足，準備大刀闊斧露上一手。而企業員工也翹首等待空降兵三把火，以評估其到底有幾斤幾兩。

當然，在此期間少不了盛大就任儀式，氣氛熱烈，場面紅火(這一點也與日後破鼓眾人捶，形成鮮明對照)。

2. 埋伏

不過這種愜意很快便消失，空降兵開始面對無法回避的困難。他在新公司中毫無根基，只能天馬行空孤軍作戰，而在他的週圍，不知不覺間彷彿出現了有形無形天羅地網般的包圍，

而且包圍圈步步縮小，而期待中的「增援」卻遙遙無期。

這時，空降兵開始發現自己能力方面存在的重大欠缺。單純依靠其過去的工作經驗，往往難以應對國內企業複雜環境的挑戰，而他的老闆也沒有幫助其彌補這種不足。更加令空降兵感到不安的是，他發現當初老闆拉他「入夥」時作出的許多承諾，往往只是停留在口頭上，很明顯，老闆實際上對他留了一手。

與此同時，空降兵還發現，這個公司的運作存在很多「潛規則」，自己此前對此一無所知。而這些「潛規則」，正在對其形成新的埋伏，可是當他發現時，嚴重的惡果已經產生。不知不覺間，他犯了眾怒，在眾口鑠金之下，無論是上級還是下屬，都開始製造對他的「信任危機」。

直到此時，空降兵才發現自己從一開始就犯下了不可原諒的錯誤。他企圖去改變環境，但是僅靠一個人的力量，企圖去改變一個生態系統是根本不可能的。要改變環境，首先要成功地在這個環境中生存下去，如果連生存的資格都不具備，其他的一切都只是空談而已。

3. 投降或者陣亡

經歷了長期的困獸猶鬥之後，空降兵終於走到了生命的盡頭。如果這個空降兵足夠幸運的話，他還有機會來選擇自己的「死亡方式」。換句話說，「你難免一死，但是你可以選擇是死得重於泰山，還是死得輕於鴻毛。」

識實務的可以好來好走好和好散；不知好歹就只能落得個怨聲載道、罪惡滔天，直至惡貫滿盈，不殺不足以平民憤的下

場。當然到了那個時候，你的老闆會在關鍵時刻出山收拾大局，他仍會給你最後的機會，對你作出承諾：「我們可以將你追認爲烈士。」

是什麼決定了空降兵的生死？

造成企業空降兵陣亡率居高不下的罪責，決不可簡單地歸於某一方。

但是，空降兵自己的責任一定是無法推卸的。絕大多數空降兵的犧牲首先源於——自作孽，不可活。

空降兵初到國內企業，往往顯得幼稚和經驗不足，對於生存環境的兇險嚴重缺乏認識。也不曉得兵法中「先爲不可勝，以待敵之可勝」的道理，深入敵陣，立足未穩便要找死，其結果自然是「死且竟死矣」。

這種幼稚在實踐中往往表現爲四個「搞不清」。

1. 搞不清自己的角色

一般來說，老闆找你做事，一定是看中了你的某種能力，希望你能帶給公司新的變化。但是，他究竟希望你做些什麼，你應當在企業中扮演怎樣的角色，卻未必有清晰的定位，也不一定與其口頭承諾合拍。

比如，某系統集成公司從外企聘請一「傘兵」充任 CEO，該 CEO 到任後，謀篇佈局指點江山，但是不久卻發現，他發出的指令處處受阻。傘兵過了很久才明白過來：原來老闆請我來，只是希望我給他當一個高級參謀，而真正的權力無論何時他都不會撒手。

2. 搞不清老闆會給你那些支持

在邀請空降兵加盟之前，企業老闆往往會作出誘人的許諾。但是對於空降兵來說，最糟糕的便是不加分析，就將這些承諾信以爲真。而在實際操作過程中，一旦老闆的承諾不能兌現，便怨天尤人。其實，客觀地判斷自己的活動空間，制定出與之相應的務實目標，肯定比無用的抱怨對自己更爲有利。

3. 搞不清自己有幾斤幾兩

空降兵的第三個搞不清，是對於自己「能幹什麼，不能幹什麼」缺乏自知之明。往往遭遇重創之後，才承認自己在某些方面能力的欠缺。過去曾經有外企空降兵，到國內企業擔任 CEO 之後，仍然保持著過去超級業務員的本色，而沒有很好地轉換角色，對於戰略規劃、政策研究、資本運作等問題毫無心得，而自己在外企的管理經驗也沒有很好地發揮出來。

客觀地說，企業老闆在引進空降兵之前，對於其能力雖不至於一無所知，但是也絕不可能完全瞭解。老闆盲目引進，用其所短，避其所長，也是空降兵屢屢「中招」的重要原因。

4. 搞不清自己「什麼時候該進該退」

最後一個搞不清指的是：很多空降兵不知道自己「什麼時候該進，什麼時候該退」。作爲職業經理人，空降兵們在企業間合理流動，對於保持其價值是絕對必要的。如果你已經在企業裏實現了自己的價值，就要考慮適時退出，企業不會長期爲你支付過高的帳單，如果你沒有這方面的準備，「兔死狗烹」的結局就可能爲期不遠。

5. **企業老闆——平衡中的動搖，政客式的功利原則**

決定空降兵命運的第二個關鍵角色是企業的老闆。僱傭空降兵，企業老闆一定會面對兩個實際存在的問題。一是如何平衡空降兵與企業中「老人」的矛盾；二是如何把握好功利原則的執行尺度。

作爲國內企業的老闆，僱傭空降兵必有所圖。但是對於僱傭兵，絕大多數老闆「非我族類，其心必異」的觀念根深蒂固，因此很難與空降兵之間建立起真正的信任。

在這種功利主義思路指導下，老闆們往往表現出平衡中的種種矛盾。

他們希望空降兵全面抓起工作，搞定大局，但同時對於其是否具備這樣的能力又信心不足，猶豫不決。

他們希望通過引進新人推動變革，增強企業活力，但同時又害怕變革引發內訌造成內亂，互爲陣營。

他們希望引進先進的管理觀念，讓企業管理再上臺階，但同時又怕洋經驗水土不服，不合國情。

除了上面的心理矛盾之外，老闆們往往難以克服根深蒂固的「權力本位心理」，心裏想著要放權給空降兵，但是到了行動的時候又怕放權「覆水難收」，於是他們的放權往往變成純粹的表面文章。

由於國內企業的老闆們大多經歷過幾番沉浮的政治鬥爭洗禮，因此對於這種「權力本位」內功修得造詣之深，遠非空降兵們可以比擬。

於是在實戰中，我們可以看到，老闆們利用企業文化中的潛規則，配合管理中的「術、勢」手段，來確保自己的大權不致旁落；同時，有些老闆還玩弄「兩面派政客手法」，挑動群眾鬥群眾，讓空降兵和自己的老部下拼個你死我活，從而對自己產生強烈的依賴心理，以達強化其權力控制的目的。

6. 生態系統——適者生存的環境

回顧空降兵的陣亡歷史，我們可以發現，絕大多數都和企圖以一己之力改變整個企業的生態系統有關。

從傳統上看，以「法、術、勢」三結合構成了管理觀念的基本方法論。

儘管真正成熟的公司，爲強化競爭力構建的企業生態系統不會過度依賴人治。但在實際操作過程中，國內企業儘管一再強調「法治」爲本，但是實際上「術與勢」等權術手段的效力卻一再被畸形放大，形成了企業管理中巨大的個人隨意性和強烈的「長官意志」色彩。

我們可以看到許多民營企業，從外企抄襲了眾多的規章流程，其管理制度表面上看，已經相當完善。但是，由於老闆經常玩弄「術、勢」手段，來破壞這些規則，從而使完善的制度在實際執行中變成了廢紙。

於是在這種「潛規則」的文化背景下，作爲企業的一分子，爲了生存就必須無限忠於偉大領袖甲總、乙總、丙總或者丁總。說得直白些，任何規章制度都是扯淡，緊跟偉大領袖才是唯一不變的真理。

圍繞著這一真理，企業文化進而形成了諸如「站隊」、「裙帶關係」、「攻守同盟」、「山頭主義」、「保護傘」等許多亞文化

附屬產品。所有這些都圍繞著前面的核心真理，形成了完整的企業管理文化體系。

所有跟隨老闆創業的公司元老們，都清楚地知道一個事實：在老闆心中，自己是「鐵打的營盤」，而空降兵不過是在公司間跳來跳去「流水的兵」。

他們堅信，「別看你今天鬧得歡，小心將來拉清單。」他們堅信，老闆用空降兵只不過是權宜之計，雖然自己現在受苦受難，但總有一天老闆會爲大家出頭，自己一定能盼到「有仇報仇有冤伸冤」的那一天。

於是，大家始終如一以老闆馬首是瞻，將新來的人視若無物，在同空降兵的鬥爭中，前赴後繼，奮不顧身，赴湯蹈火，顛撲不滅。而控訴空降兵的奏章，也隨著改革的深入如雪片般飛向老闆的辦公室。

而所有的老闆，一定不會認爲自己是造成這種後果的根源，而只會對空降兵駕馭團隊的能力提出質疑。

這種畸形的「長官意識」文化和這樣的絕對忠誠，空降兵自然不可能具備，因此也就不可能逃脫老闆的猜忌。

幾乎所有民營企業老闆在創業時，都有被自己人「擺過一道」的歷史，因此要求老闆絕對信任一個外來人，無論如何是不可能的。

5

空降兵的生存要訣

1. 存在就是真理

空降兵落地後，先不要想如何轟轟烈烈幹一番大事業，而首先要仔細偵察自己的生存環境，看清楚存在那些危險。記住，最重要的首先是生存下去，這樣才能談發展，如果陣亡，一切夢想都會變成泡影。

有一句話，是剛剛降落急於改天換地的空降兵必須牢記的——「不要妄想去改變系統，要知道對抗系統的結局，只能是死路一條。」

2. 這一次我演什麼角色

千萬不要相信老闆對你做出的承諾，最重要的是搞清楚老闆請你來的真正意圖。同時，你還需要搞清楚那些權力是由你掌握的？那些權力只能是由老闆自己控制的。

比如，某公司空降兵 CEO 企圖拿下公司中某個元老級人物，幾次三番沒有得手，後來終於如願，擊斃死敵。他心中得意，同時暗中感激老闆的支持。

可是有好事者告知：「汝禍不遠矣。」

此後不久，果然傳來這個空降兵下課的消息。

事後，這位空降兵大惑不解，向好事者詢問端詳。好事者言道:「所有的老闆都不會信任外來人，他們總是希望你能用他的老人幹事，如果你不能用這些老人，逼得他一再揮淚斬馬謖，這就表明他的忍耐接近極限，正在給你最後的機會。如果你把握不住最後的機會，他很可能會順應民意，爲老部下們伸冤出氣，而你就是替罪羊。」

3. 知道何時應該進，何時應該退

一些不識時務的空降兵，不懂得適可而止的道理。在被廠商老闆「兔死狗烹」之後，感到自己爲老闆立下不世之功，最後卻被「掃地出門」，心中好不鬱悶。

其實，沒有一個老闆不是從功利角度評判人的價值，當你的價值被用盡之後，希望老闆對於一個價值不大的人繼續支付高額報酬是不現實的。

這時，你正確的選擇有兩個，要麼降低自己的開價，要麼尋找新的空降地點。

《西楚霸王》影片結尾張良對韓信說的話:「做人最重要的，就是知道什麼時候應當進，什麼時候應當退。」

4. 慢一點不要緊，但是沒有平衡能力卻絕對不可以

許多空降兵帶有強烈的時間危機感，他們不知道老闆會給自己多少時間來做出業績，因此總是急不可待地行動，希望早日證明自己的價值。其實，這一點大錯特錯了。老闆請你來做事，就絕不會對你的價值一無所知。對於你來說，最重要的不是慌慌張張地亂動，而是冷靜地決斷，不要幹錯事。慢一點並不可怕，真正可怕的是作出錯誤的決策，使管理處於失去「平衡」的狀態。一旦失去平衡，你將會失去下屬的信任和尊敬，也會喪失老闆的信心，從而喪失行動能力。

5. 正確認識到自己的不足

一些空降兵瞧不起國內企業裏的「土鼈」，以爲憑藉自己的外企經驗就可以包打天下。其實，空降兵在適應環境和應變能力方面，可能遠遠不是「土鼈」的對手。

比如很多國內企業的王牌銷售員，對於空降兵給他們作的大客戶攻關培訓十分不屑，認爲對比這方面的能力，空降兵給自己提鞋都不配。

空降兵存在一些能力的欠缺不足爲奇，但是如果他自己不願正視。不能通過有效手段來彌補不足，問題就真的嚴重了。

正確的思路應當是，首先與老闆充分溝通，請他來幫助你揚長避短，這方面通常老闆是一定不會袖手旁觀的。

「法、術、勢」都很重要，但更重要的是，使用這些手段必須選擇時機有一些空降兵深受西方正統管理理論的影響，對於公司的管理「潛規則」很不理解，在強調制度、標準等法制管理的同時，對於「術、勢」手段的使用毫無心得。最後在公司政治的明槍暗箭攻擊下，彈痕累累翻身落馬。

其實，作爲一個老練的管理者，「法、術、勢」手段的合理運用都是必要的，關鍵在於你是否能夠看準使用這些手段的時機。

比如，前幾年有一位空降兵到一家知名 IT 企業擔任 CEO，他採用「術、勢」手段，閃電般更換了公司大半股幹，但是很快遇到了麻煩。被他換上來的親信根本不能勝任現實的工作（這

一點大大出乎他的預料)。由於用人的失敗給公司造成了損失，這也成爲他最後失敗的一大罪狀。

上面談了一些空降兵生存的武功要訣，這些經驗來自於陣亡、重傷者的前車之鑒，可供後來者悉心揣摩。不過作爲空降兵，你必須清楚：即使你精通這些心法，仍然有可能陣亡。

空降作戰，從來都是「死生之地，存亡之道，不可不察也。」

因此對於空降兵來說，最重要的是慎重選擇空降區域，力爭不要在錯誤的時間、錯誤的地點、把自己投進錯誤的戰場。

6

「空降兵」要與企業文化融合

企業文化是在企業內部長時間沉澱的意識、精神。任何一個優秀的企業，必然有與之相適應的企業文化，企業文化體現著企業核心的價值觀，企業文化是全體員工衷心擁護、認同和共同享有的核心理念。然而，「空降兵」作爲領導層或者接班人「空降」到企業，未必馬上能與企業文化相融合。

當公司遇到困境或業務變更時，從其他企業「挖」過來一名成功的職業經理人，來擔負起改變公司命運或承擔新業務開拓的重任，這似乎是一條解決問題最爲簡單和最容易的途徑。然而「空降兵」從天而降，又多是高人，這種距離剛開始是一

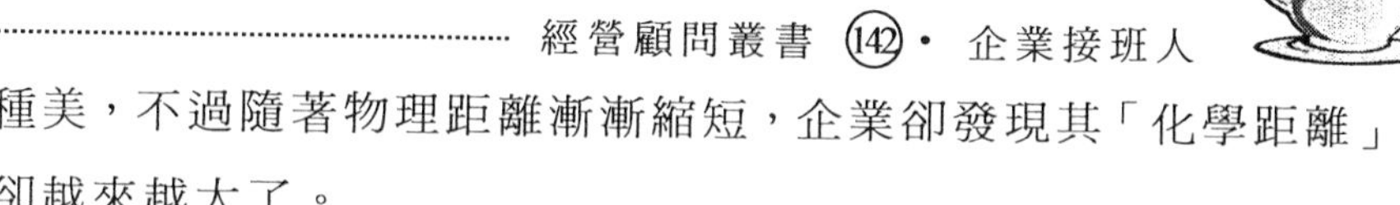

種美，不過隨著物理距離漸漸縮短，企業卻發現其「化學距離」卻越來越大了。

短暫的蜜月，最終卻是無言的結局。一連串職業經理人的大名背後，是一個個各自不同的故事。

哈佛商學院終身教授、世界領導與變革領域的權威約翰•科特曾指出：企業文化對長期經營績效有巨大的正相關性。而另一位寫出《基業長青》的著名管理學者詹姆斯•柯林斯認爲偉大的公司都有「利潤之上的追求」與「教派般的文化」，並且十分推崇「自家長成的經理人」。柯林斯經過研究後發現，「18家偉大的公司在總共長達 1700 年的歷史中，只有四位 CEO 來自於外部」。「自家長成」的經理人熟悉瞭解公司文化，更易帶領公司進行變革。這也許成爲國內一些企業「空降兵」即外部職業經理人頻頻「下課」的一條關鍵理由。

「空降兵」到一個企業去，往簡單了說有兩種可能。一種可能是融入企業的文化，然後把企業文化發揚光大，並把管理措施加上去，一榮俱榮。還有一種可能就是，進入這個企業以後不能融入這個企業的文化，或者說被排斥，就導致你離開。

因爲任何一個企業從初創到成長壯大，必然會積澱形成自己獨特的企業文化。那麼作爲職業經理人，特別是外來的空降兵，首先必須把握的一個前提就是要在價值觀念共同的基礎之上，尋求文化理念的一致性。或者說要先承認企業原有的文化。「空降兵」的到來，在某種程度上會對原有的員工和既得利益者有所衝擊。企業對新人總是心存戒備，很難對他們稍有出格或不同於企業舊有規章的舉動有所包容，知識的碰撞、人格的

衝突始終是彼此無法回避的問題。因此「空降兵」最好主動去瞭解新的企業，包括企業的發展史、企業文化、決策機制和關鍵的人際關係等等，特別是在民營企業和私營企業中，最容易犯這樣的錯誤。

如果一個企業感到需要從外面請人，一定是有靠自己解決不了的問題。那麼「空降兵」進來肯定需要對企業進行某種變革。一些「空降兵」新官上任三把火，一進來就要「革命」，急於求成，效果反而不好。

一般來說，「空降兵」都受過較高的教育，懂得許多先進的管理理論與方法，但是這些理論和方法並不是完全普遍適用的。要想成功有效地領導企業員工，必須根據新的環境，將新的管理理念和方法做些調整，使之能有效地改造原有企業文化。特別是一些在西方國家接受過訓練的管理人才，或是缺乏社會經驗的管理者，如果不能適時應變，在管理中就會產生「水土不服」的症狀，就會形成無效管理。

7

「空降兵」安全著陸要訣

「空降兵」這個群體扮演的角色既不是「兵」，也不是「帥」，而是「將」。他們絕不是一個企業整體戰略的最終決策者，大部分只是戰略的執行者，最多也只能是戰略的提議者或參與者，有的只是某個方面的戰略決策者。從時間上看，由於引進運作上的保密，他們的到來可能會使許多企業內部人員感到突然，正是這種感覺，爲「空降兵」在新企業的工作埋下了隱患。爲幫助「空降兵」成功實現安全著陸，企業領導者要熟記三條要訣。

1. 把握時機，風格互補

首先要分析判斷企業目前處在生命週期中的那一階段，不同階段面臨的主要問題不同，所需要的「空降兵」類型也不同。

典型症狀 1：企業一般願意在問題期、虧損期、下降期引進「空降兵」，但一般企業在鼎盛時期總是想不到這點。

建議：企業處在成長期即將進入穩定期的時候最適合請「空降兵」，他們會獲得很多的資源支持，著陸成功的可能性也較大。

典型症狀 2：企業領導很容易按照個人的喜好選人，工作風格多爲類似。

建議:「空降兵」的風格應該與現有領導互補，組建管理團隊最好兼顧不同風格。

2. 程序公開，先內後外

典型症狀：出於企業和「空降兵」的利益考慮，選拔程序往往不公開，容易導致用人上的偏見，並激起內部幹部和員工的抵觸心理，導致「空降兵」難以真正著陸。

建議：引進程序最好集體運作，公開選拔、公平競爭。選拔小組可由企業最高管理層、中層幹部、獨立董事組成，必要時可以外請專業測評公司參與。要謹記先給內部人以成長的機會。

3. 目標管理，結果控制

典型症狀：或不信任心態作祟，每每仍想插手；或急功近利，達不到某項指標立即勒令走人。

建議：疑人不用，用人不疑，充分授權，重結果而不干預過程，放手而不放棄，創造良好環境給予大力支持。目標管理要注意短期、中期與長期目標的結合，如果只重視短期目標，有可能會迫使「空降兵」爲了達標而採取一些不利企業健康成長的非正常手段。

除了必備能力外,「空降兵」還要特別善於溝通，妥善處理各方面的人際關係，這是成功軟著陸所不可或缺的技能。

「空降兵」進入企業前就要和企業事先溝通好，考慮這家企業的環境是否適合你。進入企業之後還要堅持繼續溝通，不但要注意深度，還要注意廣度。

8

十年來最成功的 CEO 空降兵

無論對於困境中的公司還是外請 CEO 來說，要想避免兩敗俱傷的局面，最爲關鍵的是 CEO 們如何將已有經驗運用至陌生的公司環境，並以何種方式使其生效。

粗略算一下，外請 CEO 在美國的發生率要高於在歐洲的發生率，新興行業公司的發生率要高於傳統行業公司。但即便如此，外請 CEO 依然不是商業社會的主流做法。大部分公司都會順應人們的心理需要，建立一套相應的內部機制。

很明顯，這樣做的風險和其成效一樣難以預估：公司的具體情況千差萬別，誰也無法保證 CEO 們對成功經驗的移植不是揠苗助長，誰也無法確定原有公司對外來管理者能接受到什麼程度，弄不好就是個兩敗俱傷的結局：公司一蹶不振，CEO 聲名掃地。

正因爲如此，成功的 CEO 空降兵值得我們給予特別的關注及稱頌。選取了最成功的空降 CEO，將他們的故事一一道來。

◎卡洛斯‧戈恩

空降地：日本日產汽車公司。

起飛地：法國雷諾汽車公司。

優勢：卓越的成本控制力。

代表性言論：「這不是我從公司外部提供的解決方案，你知道讓員工直接參與是解決問題的最好辦法。」

卡洛斯‧戈恩就是那個拯救了日本日產汽車公司(Nissan MotorCo)的法國人。日本人爲了表達對他的尊敬，甚至還出版了一本以戈恩爲主人公的漫畫書。

看起來戈恩復興日產的方法並不出奇：削減成本、更有活力的汽車設計和壓低零配件價格等等，但他的確一年之內就把日產公司的汽車銷量增長了 50 萬輛。

這令法國雷諾汽車公司也對他頗爲心動，2005 年他將會同時擔任日產和雷諾兩家汽車公司的 CEO，回到法蘭西繼續施展他的魔力。

1999 年，雷諾與日產展開合作，有著黎巴嫩血統、出生在巴西的戈恩，以法國公民的身份接管了日產公司。本來已掌握了法語、英語、西班牙語、義大利語和葡萄牙語的戈恩現在又會了日語。

在雷諾，戈恩因關閉多家工廠從而節省 15 億美元而一舉成名，被稱爲「成本殺手」，但豐富的國際背景使他十分尊重日本的企業傳統，上任後沒有立即如法炮製。

過了一段時間，戈恩巧妙地通過退休、人員流動等方式實現裁員 2 萬多人，使得日產 1 萬多家供應商削減了一半，而留下的則被要求在 3 年內降價 20%；同時戈恩力主打破日本企業傳統的資歷體系，股票期權等西方公司的管理、獎勵體系被引入日產。

另外，日產就像當時的大多數日本公司一樣，業務範圍大而全。除了生產汽車和汽車配件外，還有紡織機械、航空產品及船舶機械。但這些業務缺乏技術優勢，造成大量資金投入和虧損。戈恩在上任兩週後就組建了 9 個團隊，負責業務拓展、採購、物流、研發、市場、財務。

9 個團隊的負責人直接參與了戈恩復興日產的計畫。「……這不是我從公司外部提供的解決方案，你知道讓員工直接參與是解決問題的最好辦法。」實施第一年，日產就取得了有史以來最好的財務業績，盈利 27 億美元。隨後，2001 財政年度日產創下 480 億美元的銷售紀錄，盈利 29 億美元。戈恩贏得了日產公司甚至全日本的尊重。

戈恩對日產的控制決定他擁有調動日產、雷諾兩家公司高效協同生產的能力。這是戈恩現在可以看到的最大優勢。「我們的合作是全世界汽車工業中最好的。」戈恩一如既往的自信。日產和雷諾公司 2003 年所有車型的銷售量總和爲 540 萬輛，比 2002 年提高了 4.2%。在全球聯合汽車公司中名列第五大汽車生產商。

不過暫時戈恩還不能回到法國，從 2004 年 4 月份開始，日產汽車已開始在北美市場發起總攻，那裏更需要戈恩的魔法。

◎尼奧· 菲戈德

空降地：空中客車公司（AIR　BUS）。

起飛地：不詳。

優勢：閱歷豐富，演說才能極佳。

代表性言論：「空客發生變化的步調如此之快，以至於我們都忘記了自己已經走出多遠。」

1998 年愚人節，尼奧·菲戈德又搖身一變，成為了空中客車公司(Airbus)的總裁和 CEO。沒人能說清這是他第幾次變換職業了——他的履歷豐富多彩，簡直讓人眼花繚亂。

菲戈德曾任法國工業部的首席工程師，繼而在 1978 年擔任交通部民用航天器部門的技術顧問；兩年後來到國防部，成為軍備事務的技術顧問；1981~1985 年間，他先後在兩家鋼鐵公司擔任職務。隨後的兩年裏，他又回到了政府部門，擔任法國內閣負責工業事務的顧問。

後來，菲戈德乾脆投身商界，先後在 3 家公司擔任高層管理職務。

豐富的履歷使菲戈德不但擁有高超的管理技能，還積累了國際貿易關係方面的大量經驗。同時，他在商業界以善於商業運營管理而著稱，對於如何創建有競爭力的歐洲公司，菲戈德也不乏創見。

即便如此，接手空中客車的頭把交椅仍是個挑戰，他的主要任務是將一個步履緩慢的龐然大物脫胎換骨，變成一匹輕裝

疾行的駿馬。

上任後，菲戈德首先注意弱化空客公司股東間的敵意，設法將所有的訂單平分給各個股東的製造企業；然後他致力於改進產品的品質，吸引頂尖的工程技術人員和市場行銷人員加入公司。

另外，菲戈德極力推動 A380 型飛機的研製，這種型號的飛機是目前世界上最大的商用客機，比波音公司的 747 還要大上 1/3。爲此，空中客車公司必須投資 107 億美元。

在商業理念上，他強調公司必須致力於獲取利潤，這對空中客車的員工而言是個很大的衝擊——這家公司歷史上一直更善於花錢而不是控制成本。

得益於他的外交手段和管理技能，空中客車目前在全球的商用機市場上已幾乎與它的老對手波音飛機平分秋色，利潤率則保持在健康狀態——7%。

現在，波音正準備全力抗爭，試圖影響布希政府對空客公司予以貿易懲罰，理由是空客從歐洲各國政府得到的低息貸款是一種不公平的變相補貼——看樣子，菲戈德先生又有機會一層他的外交才能了。

◎郭士納

空降地：IBM。

起飛地：納貝斯克公司。

優勢：對公司這種組織形式及其成員有透徹理解。

代表性言論:「成功的組織機構幾乎總是會建立這樣一種文化氣氛，能夠強化那些使組織更加壯大的因素。」

此前，郭士納曾經擔任過麥肯錫管理諮詢公司董事、美國運通公司總公司總裁及其最大的子公司美國運通旅遊服務公司的董事長兼 CEO，並在納貝斯克公司擔任了 4 年的董事長兼首席執行官。

再此前，來自美國紐約州的郭士納是那種有著正統教育背景的青年，1963 年獲達特茅斯學院工程學學士學位，1965 年獲哈佛商學院 MBA，另外，他還是美國國家工程學院成員和美國藝術和科學研究院會員。

或許，正是這種背景使郭士納能夠對一個公司這種組織形式產生透徹的理解，並通過足夠的魄力和耐性完成這件引人注目的成就——拯救藍色巨人 IBM。

1993 年，郭士納進入 IBM 的時候，該公司已經因爲機構臃腫和文化閉塞而面臨危機。

他的第一招是將公司的開支大幅度縮減下來(包括大規模的裁員)，並通過出售資產來融資。接著，將公司拆分爲幾個單獨運營的單位——硬體、服務和軟體部門，通過有效合作來提

供全方位的技術解決方案。

過去，這些部門因過度的內部競爭牽扯了精力，郭士納做法的妙處就在於平衡了各個部門之間的力量，整個企業也就更加團結。對 IBM，乃至大型公司長期發展的可能來說，這都是非常重要的一個步驟。

用郭士納的話說就是:「成功的組織機構幾乎總是會建立這樣一種文化氣氛，能夠強化那些使組織更加壯大的因素。」

郭士納執掌 IBM 的 10 年間,公司一舉甩掉了過去的沉重包袱，成爲全球最賺錢的公司之一。而郭士納則當之無愧地成爲在位時間最長、最成功的空降 CEO，當然，應該加上「迄今爲止」四字。

圖書出版目錄

郵局劃撥號碼：18410591　　郵局劃撥戶名：憲業企管顧問公司

經營顧問叢書

編號	書名	定價
4	目標管理實務	320 元
5	行銷診斷與改善	360 元
6	促銷高手	360 元
7	行銷高手	360 元
8	海爾的經營策略	320 元
9	行銷顧問師精華輯	360 元
10	推銷技巧實務	360 元
11	企業收款高手	360 元
12	營業經理行動手冊	360 元
13	營業管理高手（上）	一套 500 元
14	營業管理高手（下）	
16	中國企業大勝敗	360 元
18	聯想電腦風雲錄	360 元
19	中國企業大競爭	360 元
21	搶灘中國	360 元
22	營業管理的疑難雜症	360 元
23	高績效主管行動手冊	360 元
24	店長的促銷技巧	360 元
25	王永慶的經營管理	360 元
26	松下幸之助經營技巧	360 元
27	速食連鎖大王麥當勞	360 元
30	決戰終端促銷管理實務	360 元
31	銷售通路管理實務	360 元
32	企業併購技巧	360 元
33	新產品上市行銷案例	360 元
35	店員操作手冊	360 元
37	如何解決銷售管道衝突	360 元
38	售後服務與抱怨處理	360 元
40	培訓遊戲手冊	360 元
41	速食店操作手冊	360 元
42	店長操作手冊	360 元
43	總經理行動手冊	360 元
44	連鎖店操作手冊	360 元
45	業務如何經營轄區市場	360 元
46	營業部門管理手冊	360 元
47	營業部門推銷技巧	390 元
48	餐飲業操作手冊	390 元
49	細節才能決定成敗	360 元
50	經銷商手冊	360 元
52	堅持一定成功	360 元

54	店員販賣技巧	360 元	78	財務經理手冊	360 元
55	開店創業手冊	360 元	79	財務診斷技巧	360 元
56	對準目標	360 元	80	內部控制實務	360 元
57	客戶管理實務	360 元	81	行銷管理制度化	360 元
58	大客戶行銷戰略	360 元	82	財務管理制度化	360 元
59	業務部門培訓遊戲	380 元	83	人事管理制度化	360 元
60	寶潔品牌操作手冊	360 元	84	總務管理制度化	360 元
61	傳銷成功技巧	360 元	85	生產管理制度化	360 元
62	如何快速建立傳銷團隊	360 元	86	企劃管理制度化	360 元
63	如何開設網路商店	360 元	87	電話行銷倍增財富	360 元
64	企業培訓技巧	360 元	88	電話推銷培訓教材	360 元
65	企業培訓講師手冊	360 元	89	服飾店經營技巧	360 元
66	部門主管手冊	360 元	90	授權技巧	360 元
67	傳銷分享會	360 元	91	汽車販賣技巧大公開	360 元
68	部門主管培訓遊戲	360 元	92	督促員工注重細節	360 元
69	如何提高主管執行力	360 元	93	企業培訓遊戲大全	360 元
70	賣場管理	360 元	94	人事經理操作手冊	360 元
71	促銷管理（第四版）	360 元	95	如何架設連鎖總部	360 元
72	傳銷致富	360 元	96	商品如何舖貨	360 元
73	領導人才培訓遊戲	360 元	97	企業收款管理	360 元
74	如何編制部門年度預算	360 元	98	主管的會議管理手冊	360 元
75	團隊合作培訓遊戲	360 元	100	幹部決定執行力	360 元
76	如何打造企業贏利模式	360 元	101	店長如何提升業績	360 元
77	財務查帳技巧	360 元	102	新版連鎖店操作手冊	360 元

103	新版店長操作手冊	360 元
104	如何成爲專業培訓師	360 元
105	培訓經理操作手冊	360 元
106	提升領導力培訓遊戲	360 元
107	業務員經營轄區市場	360 元
108	售後服務手冊	360 元
109	傳銷培訓課程	360 元
110	〈新版〉傳銷成功技巧	360 元
111	快速建立傳銷團隊	360 元
112	員工招聘技巧	360 元
113	員工績效考核技巧	360 元
114	職位分析與工作設計	360 元
116	新產品開發與銷售	400 元
117	如何成爲傳銷領袖	360 元
118	如何運作傳銷分享會	360 元
119	〈新版〉店員操作手冊	360 元
120	店員推銷技巧	360 元
121	小本開店術	360 元
122	熱愛工作	360 元
123	如何架設拍賣網站	360 元
124	客戶無法拒絕的成交技巧	360 元
125	部門經營計畫工作	360 元
126	經銷商管理手冊	360 元
127	如何建立企業識別系統	360 元
128	企業如何辭退員工	360 元
129	邁克爾・波特的戰略智慧	360 元
130	如何制定企業經營戰略	360 元
131	會員制行銷技巧	360 元
132	有效解決問題的溝通技巧	360 元
133	總務部門重點工作	360 元
134	企業薪酬管理設計	
135	成敗關鍵的談判技巧	360 元
136	365 天賣場節慶促銷	360 元
137	生產部門、行銷部門績效考核手冊	360 元
138	管理部門績效考核手冊	360 元
139	企業行銷機能診斷	360 元
140	企業如何節流	360 元
141	責任	360 元
142	企業接棒人	360 元
143	總經理工作重點	360 元
144	企業的外包操作管理	360 元
145	主管的時間管理	360 元

《企業傳記叢書》

1	零售巨人沃爾瑪	360 元
2	大型企業失敗啓示錄	360 元
3	企業併購始祖洛克菲勒	360 元
4	透視戴爾經營技巧	360 元
5	亞馬遜網路書店傳奇	360 元
6	動物智慧的企業競爭啓示	320 元
7	CEO 拯救企業	360 元
8	世界首富　宜家王國	360 元
9	航空巨人波音傳奇	360 元
10	傳媒併購大亨	360 元

《商店叢書》

1	速食店操作手冊	360 元
4	餐飲業操作手冊	390 元
5	店員販賣技巧	360 元
6	開店創業手冊	360 元
8	如何開設網路商店	360 元
9	店長如何提升業績	360 元
10	賣場管理	360 元
11	連鎖業物流中心實務	360 元
12	餐飲業標準化手冊	360 元
13	服飾店經營技巧	360 元
14	如何架設連鎖總部	360 元
15	〈新版〉連鎖店操作手冊	360 元
16	〈新版〉店長操作手冊	360 元
17	〈新版〉店員操作手冊	360 元
18	店員推銷技巧	360 元
19	小本開店術	360 元
20	365 天賣場促銷	360 元

《工廠叢書》

1	生產作業標準流程	380 元
2	生產主管操作手冊	380 元
3	目視管理操作技巧	380 元
4	物料管理操作實務	380 元
5	品質管理標準流程	380 元
6	企業管理標準化教材	380 元
7	如何推動 5S 管理	380 元
8	庫存管理實務	380 元
9	ISO 9000 管理實戰案例	380 元
10	生產管理制度化	360 元
11	ISO 認證必備手冊	380 元
12	生產設備管理	380 元
13	品管員操作手冊	380 元
14	生產現場主管實務	380 元
15	工廠設備維護手冊	380 元
16	品管圈活動指南	380 元

17	品管圈推動實務	380 元
18	工廠流程管理	380 元
19	生產現場改善技巧	
20	如何推動提案制度	380 元
21	採購管理實務	380 元
22	品質管制手法	380 元
23	如何推動 5S 管理（修訂版）	380 元
24	六西格瑪管理手冊	380 元
25	商品管理流程控制	380 元

《傳銷叢書》

4	傳銷致富	360 元
5	傳銷培訓課程	360 元
6	〈新版〉傳銷成功技巧	360 元
7	快速建立傳銷團隊	360 元
8	如何成爲傳銷領袖	360 元
9	如何運作傳銷分享會	360 元

《培訓叢書》

1	業務部門培訓遊戲	380 元
2	部門主管培訓遊戲	360 元
3	團隊合作培訓遊戲	360 元
4	領導人才培訓遊戲	360 元
5	企業培訓遊戲大全	360 元
6	如何成爲專業培訓師	360 元
7	培訓經理操作手冊	360 元
8	提升領導力培訓遊戲	360 元

《財務管理叢書》

1	如何編制部門年度預算	360 元
2	財務查帳技巧	360 元
3	財務經理手冊	360 元
4	財務診斷技巧	360 元
5	內部控制實務	360 元
6	財務管理制度化	360 元

《企業制度叢書》

1	行銷管理制度化	360 元
2	財務管理制度化	360 元
3	人事管理制度化	360 元
4	總務管理制度化	360 元
5	生產管理制度化	360 元
6	企劃管理制度化	360 元

《成功叢書》

1	猶太富翁經商智慧	360 元
2	致富鑽石法則	360 元
3	發現財富密碼	

《主管叢書》

1	部門主管手冊	360 元
2	總經理行動手冊	360 元
3	營業經理行動手冊	360 元
4	生產主管操作手冊	380 元
5	店長操作手冊	360 元
6	財務經理手冊	360 元
7	人事經理操作手冊	360 元

《醫學保健叢書》

1	9 週加強免疫能力	320 元
2	維生素如何保護身體	320 元
3	如何克服失眠	320 元
4	美麗肌膚有妙方	320 元
5	減肥瘦身一定成功	360 元
6	輕鬆懷孕手冊	360 元
7	育兒保健手冊	360 元
8	輕鬆坐月子	360 元
9	生男生女有技巧	360 元
10	如何排除體內毒素	360 元
11	排毒養生方法	360 元
12	淨化血液　強化血管	360 元
13	排除體內毒素	360 元
14	排除便秘困擾	360 元
15	維生素保健全書	360 元
16	腎臟病患者的治療與保健	360 元
17	肝病患者的治療與保健	360 元
18	糖尿病患者的治療與保健	360 元
19	高血壓患者的治療與保健	360 元
20	飲食自療方法	360 元
21	拒絕三高	360 元
22	給老爸老媽的保健全書	360 元

《DIY 叢書》

1	居家節約竅門 DIY	360 元
2	愛護汽車 DIY	360 元
3	現代居家風水 DIY	360 元
4	居家收納整理 DIY	360 元
5	廚房竅門 DIY	360 元

《幼兒培育叢書》

1	如何培育傑出子女	360 元
2	培育財富子女	360 元
3	如何激發孩子的學習潛能	360 元
4	鼓勵孩子	360 元
5	別溺愛孩子	360 元
6	孩子考第一名	360 元

《人事管理叢書》

1	人事管理制度化	360 元
2	人事經理操作手冊	360 元
3	員工招聘技巧	360 元
4	員工績效考核技巧	360 元
5	職位分析與工作設計	360 元
6	企業如何辭退員工	360 元

最暢銷的商店叢書

名　稱	說　明	特　價
1　速食店操作手冊	書	360 元
4　餐飲業操作手冊	書	390 元
5　店員販賣技巧	書	360 元
6　開店創業手冊	書	360 元
8　如何開設網路商店	書	360 元
9　店長如何提升業績	書	360 元
10　賣場管理	書	360 元
11　連鎖業物流中心實務	書	360 元
12　餐飲業標準化手冊	書	360 元
13　服飾店經營技巧	書	360 元
14　如何架設連鎖總部	書	360 元
15　〈新版〉連鎖店操作手冊	書	360 元
16　〈新版〉店長操作手冊	書	360 元
17　〈新版〉店員操作手冊	書	360 元
18　店員推銷技巧	書	360 元
19　小本開店術	書	360 元
20　365 天賣場節慶促銷	書	360 元
21　科學化櫃檯推銷技巧	4 片（CD 片）	買 4 本商店叢書的贈品 CD 片（1800 元）

上述各書均有在書店陳列販賣，若書店賣完，而來不及由庫存書補充上架，請讀者直接向店員詢問、購買，最快速、方便！

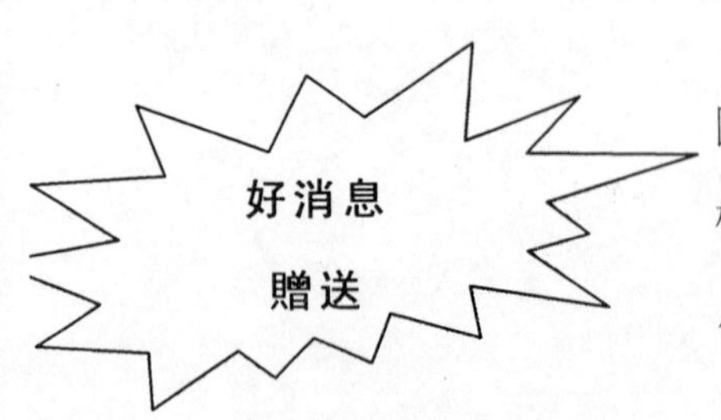

凡向**出版社**一次劃撥購買上述圖書 4 本（含）以上，贈送「科學化櫃檯推銷技巧」（CD 片教材，一套 4 片）。

請透過郵局劃撥購買：

郵局劃撥戶名：憲業企管顧問公司

郵局劃撥帳號：18410591

經營顧問叢書 ⑭ 售價：360 元

企 業 接 班 人

西元二〇〇七年六月 初版一刷

編著：任賢旺 李平貴 亞力斯・查理

策劃：麥可國際出版有限公司（新加坡）

校對：洪飛娟

打字：張美嫻

編輯：劉卿珠

發行人：黃憲仁

發行所：憲業企管顧問有限公司

電話：(02) 2762-2241 0930872873

臺北聯絡處：臺北郵政信箱第 36 之 1100 號

郵政劃撥：**18410591 憲業企管顧問有限公司**

常年法律顧問：江祖平律師（代理版權維護工作）

本公司徵求海外銷售代理商（0930872873）

局版台業字第 6380 號

ISBN: 978-986-6945-62-5